工程制图习题集

主　编　马丽敏　刘　彬
副主编　刘彤晏　刘文华

机 械 工 业 出 版 社

本习题集是作者根据多年教学和改革经验编写而成的。注重基础性、综合性和实用性，覆盖面广，可满足不同学时的教学要求。内容有制图的基本知识和基本技能、正投影基础、立体的投影及其表面交线、轴测图、组合体、机件的常用图样画法、标准件和常用件、零件图、装配图、立体表面展开和焊接图、计算机绘图基础等。各章节中选用不同难度的题目，由浅入深，可供大学本专科教学和相关科技人员参考。

图书在版编目（CIP）数据

工程制图习题集/马丽敏，刘彬主编. —北京：机械工业出版社，2010.8
（2021.8 重印）
ISBN 978-7-111-31005-1

Ⅰ.①工…　Ⅱ.①马…②刘…　Ⅲ.①工程制图-习题　Ⅳ.①TB23-44

中国版本图书馆 CIP 数据核字（2010）第 130849 号

机械工业出版社（北京市百万庄大街 22 号　邮政编码 100037）
责任编辑：张宝珠　章承林　版式设计：霍永明　责任校对：卢惠英
封面设计：李　瞳　　责任印制：张　博
北京玥实印刷有限公司印刷
2021 年 8 月第 1 版第 12 次印刷
260mm×184mm·7.75 印张·186 千字
标准书号：ISBN 978-7-111-31005-1
定价：35.00 元

凡购本书，如有缺页、倒页、脱页，由本社发行部调换
电话服务
服务咨询热线：（010）88379833
读者购书热线：（010）88379649
网络服务
机 工 官 网：www.cmpbook.com
机 工 官 博：weibo.com/cmp1952
教育服务网：www.cmpedu.com
金 书 网：www.golden-book.com

前　　言

本习题集与刘仁杰、马丽敏主编的《工程制图》教材配套使用。

本习题集是以教育部制订的高等工科学校《画法几何及机械制图教学基本要求》为指导，并在总结编者多年教学和改革经验的基础上编写而成的。其目的是使学生在掌握机械制图基本知识、基本理论的同时，重点培养学生的基本技能、空间逻辑思维能力和形体构思分析能力。

掌握计算机绘图技能是对当代工程技术人员的基本要求。本习题集充分注意尺规绘图、徒手绘图和计算机绘图三种绘图方法的有机组合，在尺规绘图训练的同时，加强了徒手绘图和计算机绘图的训练力度。

本习题集全部采用最新的技术制图和机械制图国家标准。

本习题集的题量适当，选题合理，难度适中，适宜课后练习和自学，力求用较少学时使学生得到较好的训练。

本习题集可针对专业特点，对其内容和顺序作适当的增删和调整。

本习题集是由大连工业大学马丽敏、刘彬主编，由刘仁杰主审。

参加编写的有：大连工业大学马丽敏（编写第一、二、八、九章）、刘彬（编写第四、五章）、刘彤晏（编写第三章）、刘文华（编写第六、七章）；辽宁大学吴晓虹（编写第十、十一章）。

本习题集是在总结2005年以来多所院校编写的习题集的基础上，充分吸收其他院校宝贵的教学经验编写而成的，在此向对本习题集悉心指导和提出保贵意见的同志们表示诚挚的谢意。

由于编写水平有限，对习题集中存在的缺点、错误，请读者批评指正。

编者

目　　录

第一章　制图的基本知识和基本技能

第一节　字体练习

机械工程制图基本手法技术要求标表达方法钢板

比例重量数审核名称材料零件备注斜表面锥检验简化国家标

01234567890123456789012345

班　级________________　姓　名________________　学　号________________

零件比例材料审核圆弧连接组合体应用调质装配
斜度班级姓名学号专业院系齿轮轴键弹簧杆径椭圆毫厘米厚
012345678901234567890123456789012345678

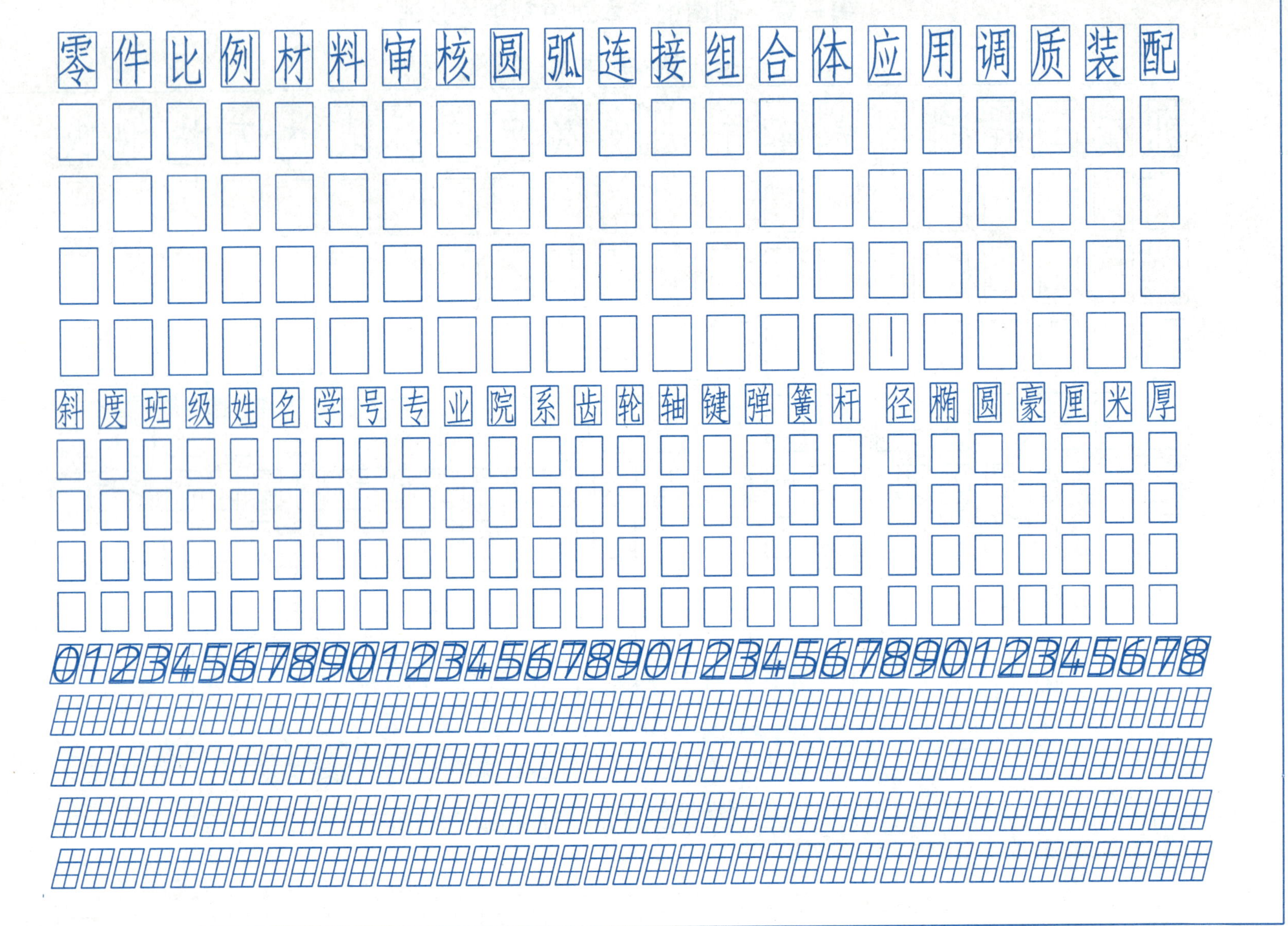

班 级＿＿＿＿＿＿＿＿ 姓 名＿＿＿＿＿＿＿＿ 学 号＿＿＿＿＿＿＿＿

ABCDEFGHIJKLMNOPQRSTUVWXYABCDEFGHIJ

ABCDEFGHIJKLMNOPQRSTUVWXYZØABCDEFGHIJKLMNOPQRSTUVW

0 1 2 3 4 5 6 7 8 9 0 1 2 3 4 5 6 7 8 9 0 1 2 3 4 5 6 7 A B C D E F G H I J

a b c d e f g h i j k l m n o p q r s t u v w x y z φ a b c d e f g h i j k l m

班 级＿＿＿＿＿＿ 姓 名＿＿＿＿＿＿ 学 号＿＿＿＿＿＿

第二节　线型练习

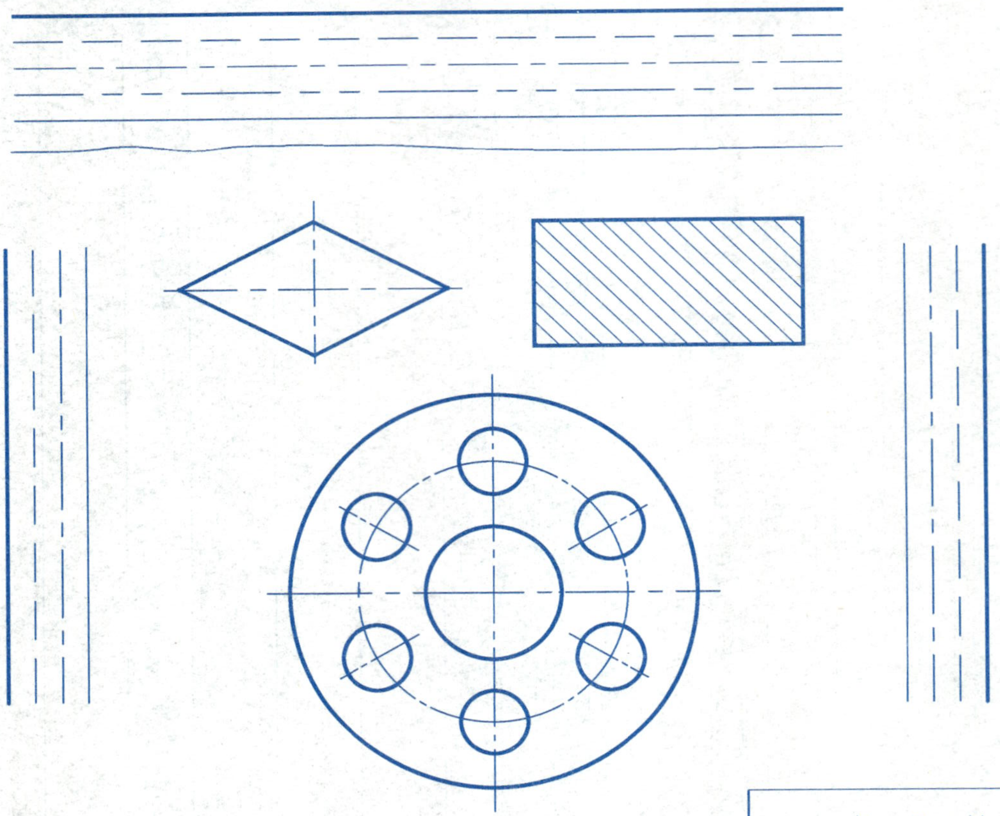

标　题　栏

说　明

一、作业名称：线型练习

二、作图要求：要正确使用绘图工具

图中线型要求符合国家标准 GB/T 4457 和 GB/T 17450。

三、作图步骤

1）将 A3 图纸参照左下图固定在图板上。

2）根据右下图画出标题栏。

3）将上方图例放大一倍。

4）确定每一图形的位置，画出每一图形底稿。

5）底稿完成后，仔细检查无误后加深。

6）填写标题栏。图名填写：线型练习，为 10 号字；其余为 7 号字。

注：画图、写字一律使用绘图铅笔。

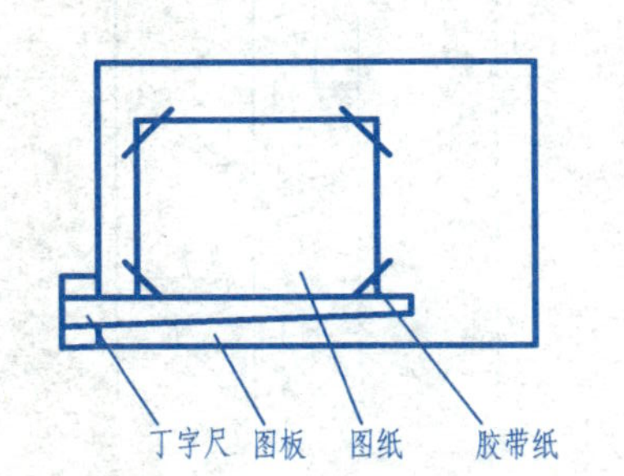

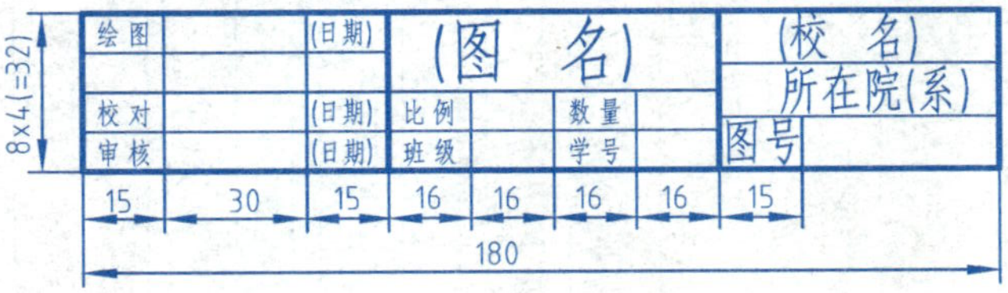

丁字尺
图板
图纸
胶带纸

绘图
(日期)
(图　名)
(校　名)
所在院(系)
校对
(日期)
比例
数量
审核
(日期)
班级
学号
图号
8×4(=32)
15
30
15
16
16
16
16
15
180

班级______　姓名______　学号______

1）标注下列圆及圆弧的尺寸（从图中度量后取整数）。

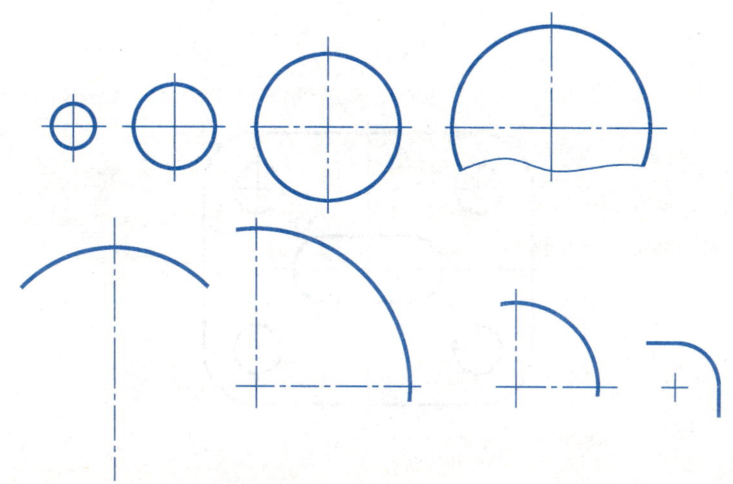

2）画箭头，填写尺寸数字（尺寸从图中量取，取整数）。

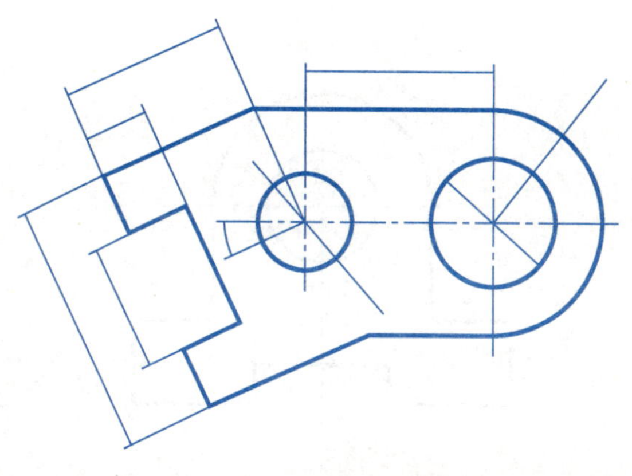

3）填写尺寸数字（尺寸从图中量取，取整数）。

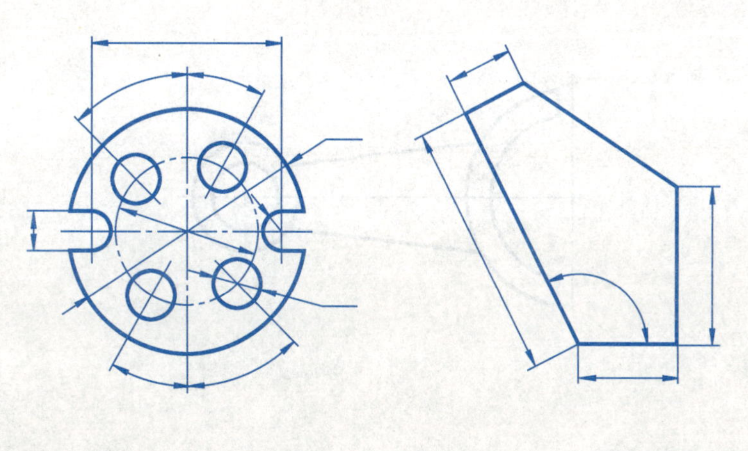

4）改正下图中尺寸注法不符合标准的各种错误。

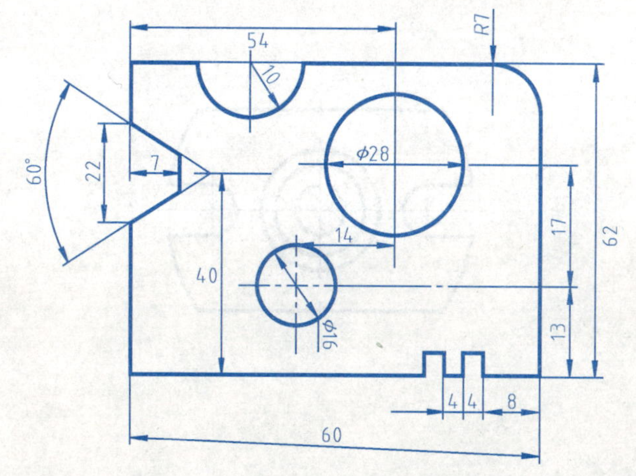

班 级________ 姓 名________ 学 号________

5）在平面图形上标注尺寸（按 1∶1 的比例量取整数）。

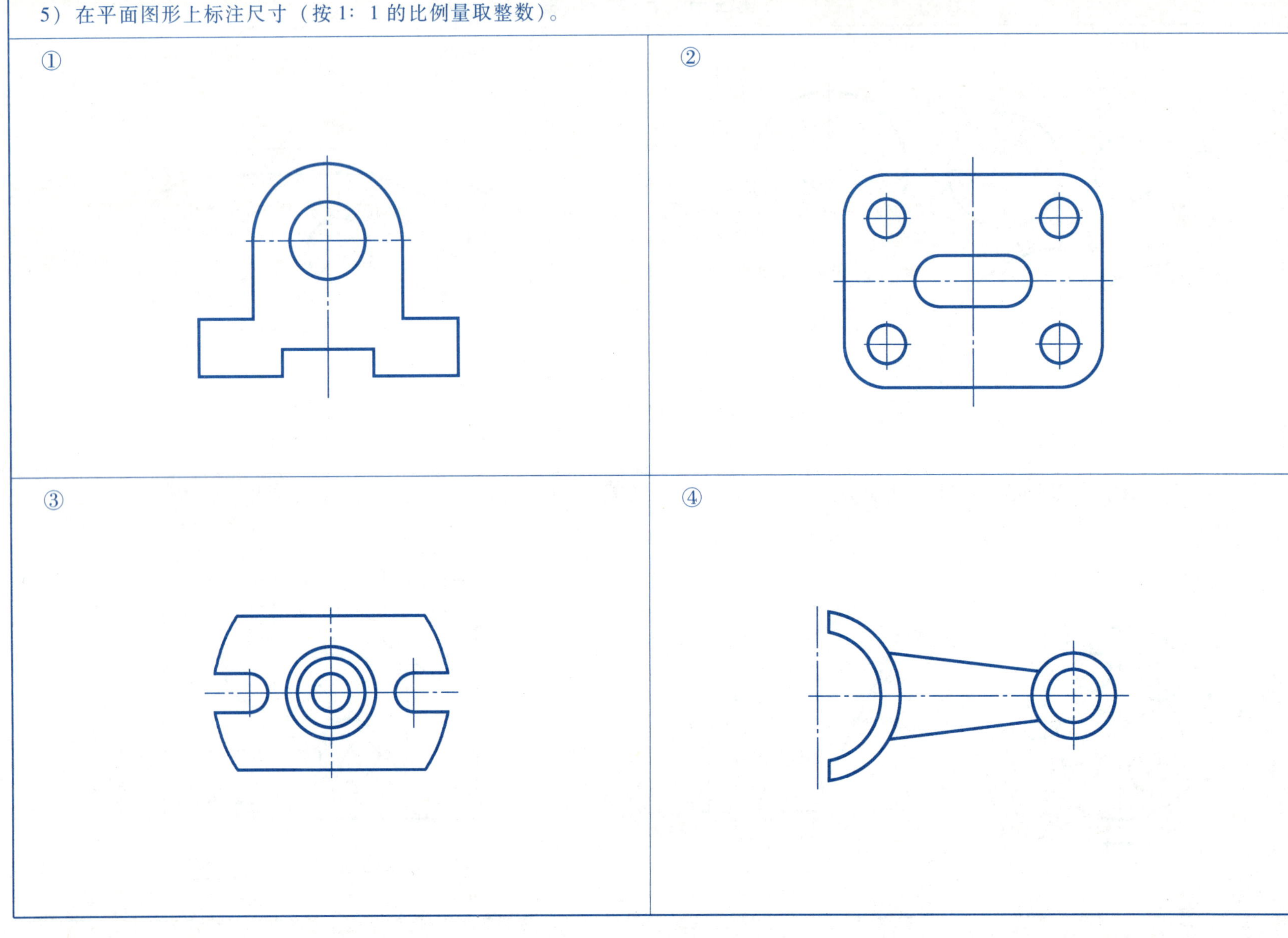

班　级＿＿＿＿＿＿＿＿　姓　名＿＿＿＿＿＿＿＿　学　号＿＿＿＿＿＿＿＿

一、锥度、斜度练习

1）斜度的画法（参照上图在指定位置按尺寸1：1画出图形，并标注尺寸）。

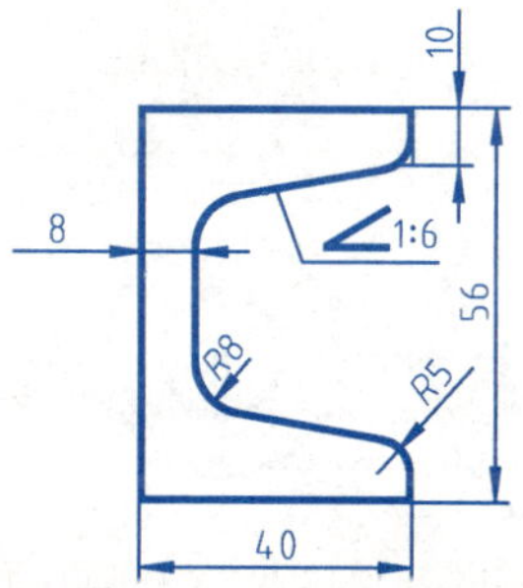

2）锥度的画法（参照上面所示图形，按尺寸1：1在下面画出图形）。

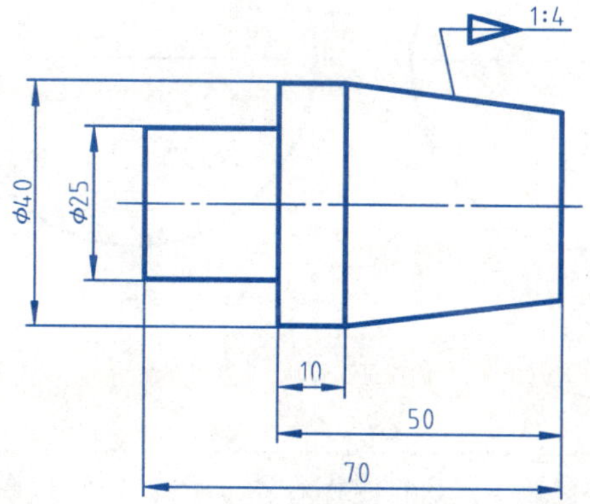

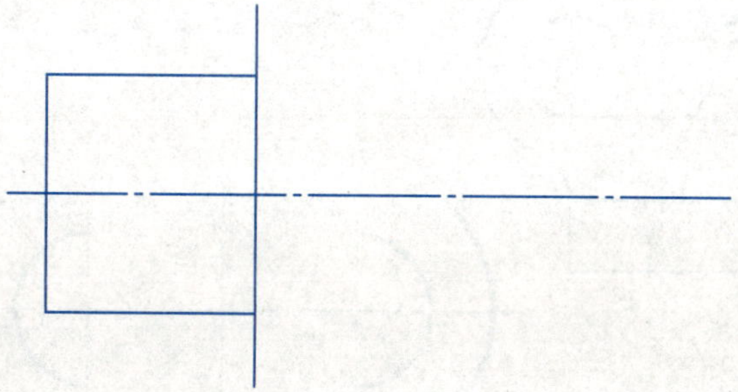

班 级________ 姓 名________ 学 号________

二、等分圆周、圆弧连接

1）在下面两圆周内分别作出正六边形和五角星。

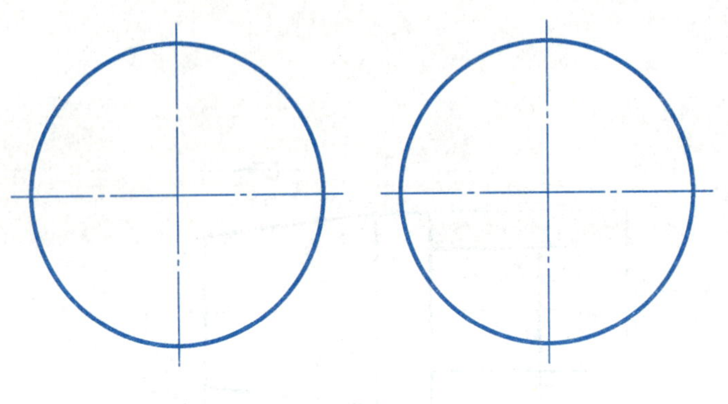

2）参照所示图形，用1：1的比例在指定位置处画出图形。

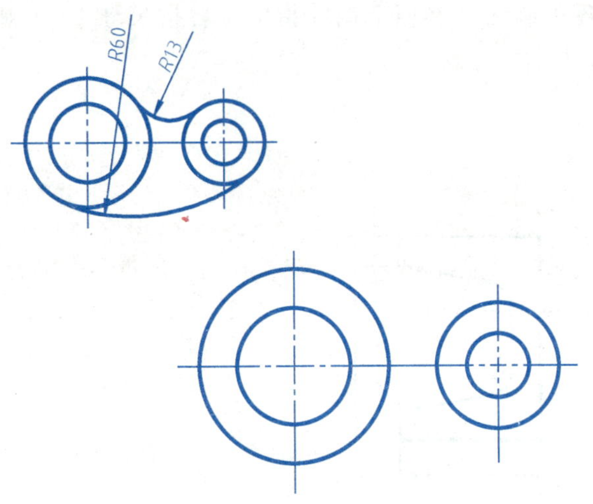

3）参照所示图形，用1：1的比例在指定位置处画出图形。

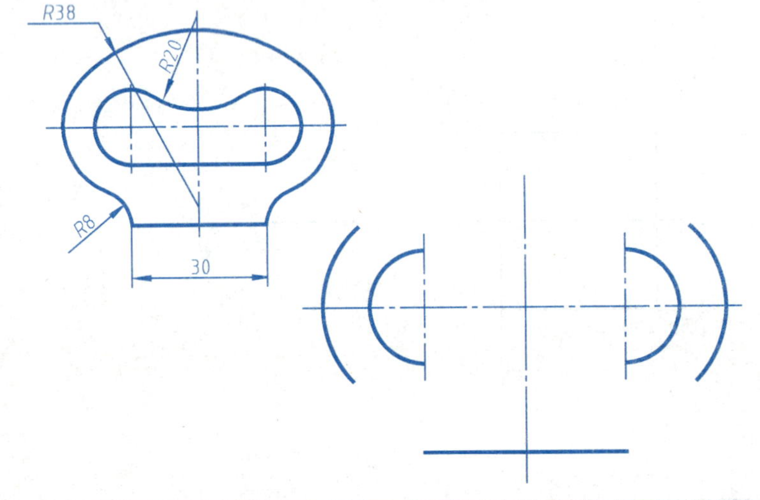

4）参照所示图形，用1：1的比例在指定位置处画出图形（不标注尺寸）。

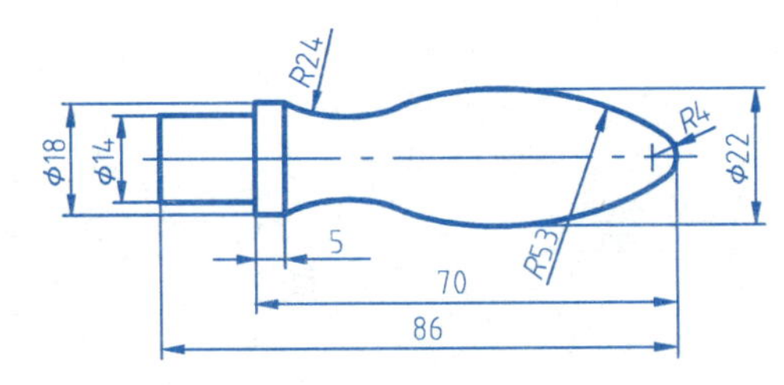

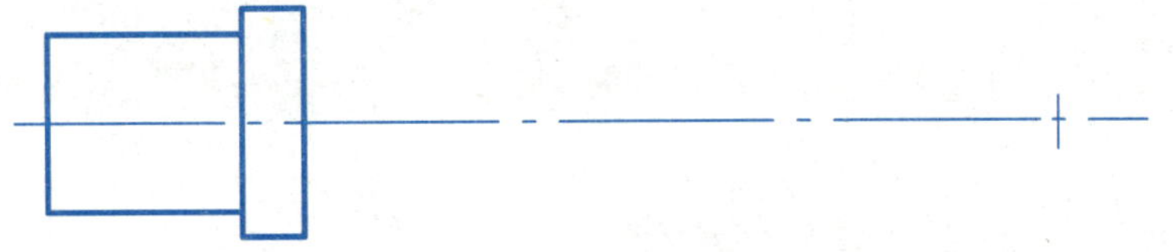

 班 级＿＿＿＿＿＿ 姓 名＿＿＿＿＿＿ 学 号＿＿＿＿＿＿

三、圆弧连接作业指导

1. 目的

1）掌握圆弧连接的作图方法和技巧。

2）掌握平面图形的绘制步骤和尺寸注法。

2. 内容和要求

用A3图纸，按1：1的比例任选一个平面图形抄画并标注尺寸。要求图形正确，布置适当，连接光滑，图面整洁，尺寸完整，字体工整。

3. 作图步骤

1）将A3图纸固定在图板上。

2）画底稿。

① 用细实线轻轻画图框和标题栏。

② 画出图形定位线。

③ 按给定的图形尺寸先画已知圆弧，再画中间圆弧、最后画连接圆弧。

④ 画尺寸界线、尺寸线和箭头。

3）底稿完成后，仔细检查，擦去多余图线，按顺序用铅笔加深，一般先画曲线后画直线。

4）抄注全部尺寸，填写标题栏。

5）校对，修饰图面。

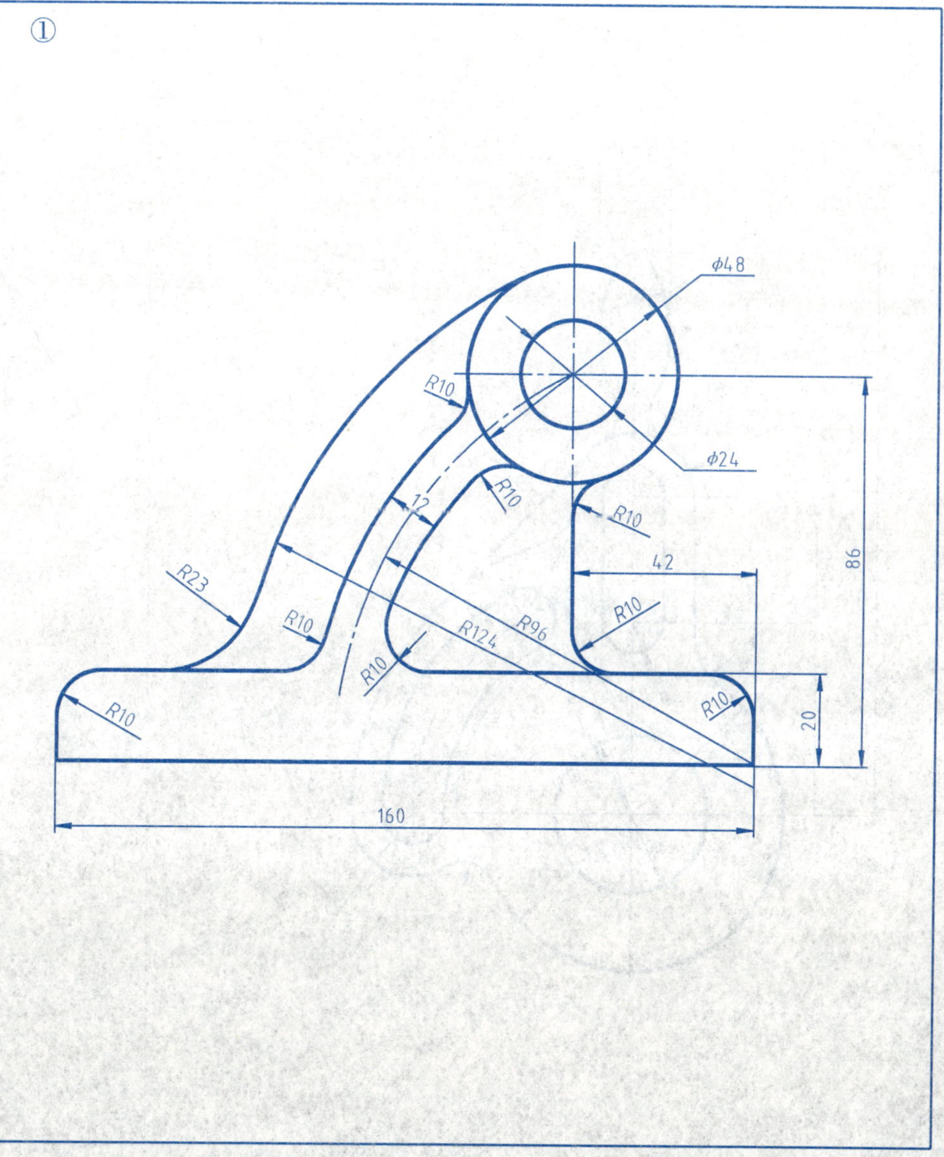

班　级＿＿＿＿＿＿　姓　名＿＿＿＿＿＿　学　号＿＿＿＿＿＿

φ20
R5
R40
R10
R18
R10
R9
160
36
R20
55
R5
R64
60°
φ45
φ90
R10
R18
②
R7
70
R26
φ34
30°
20
50
R92
R44
R50
128
R40
R6
70
③

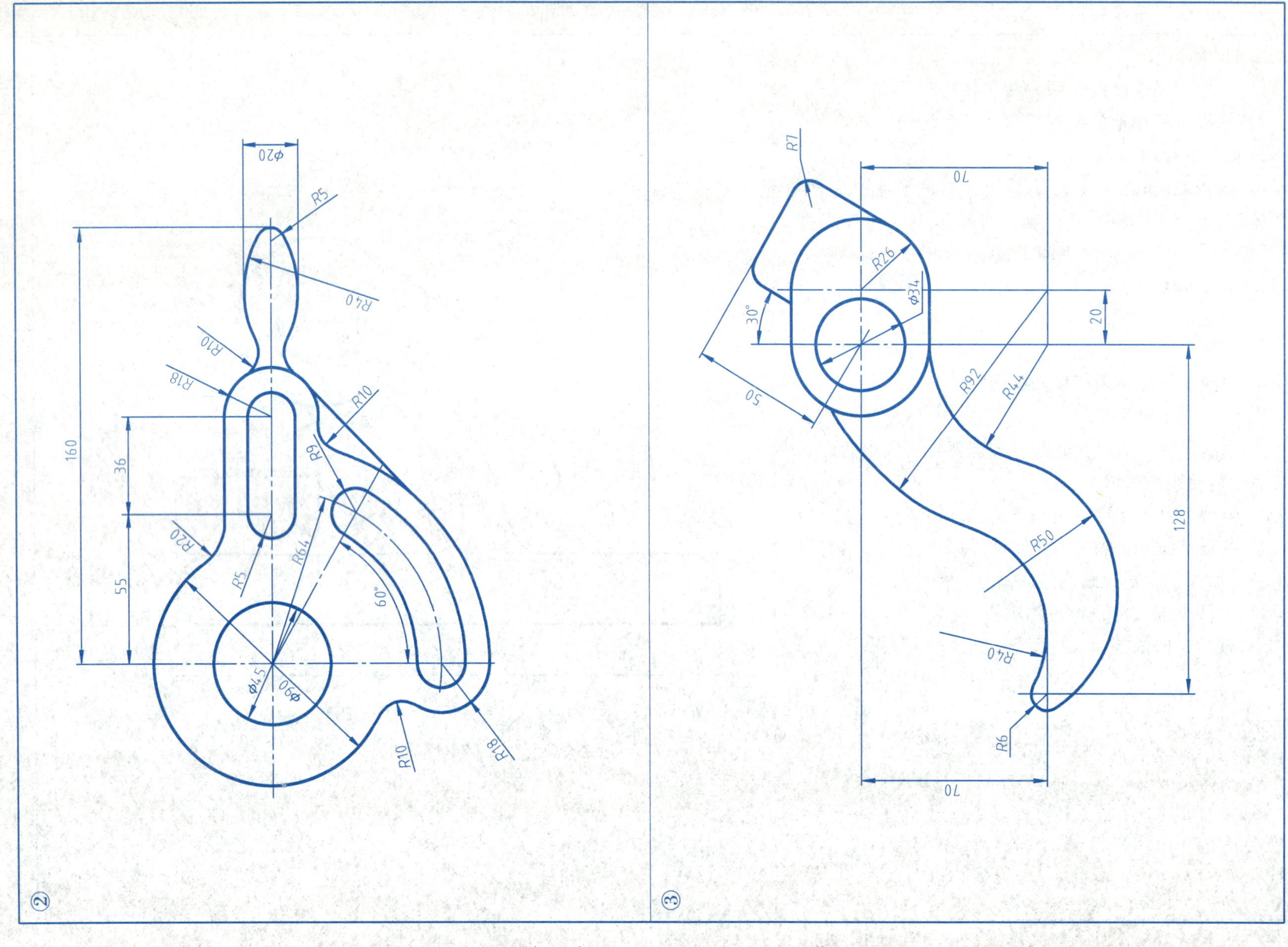

班 级________ 姓 名________ 学 号________

第二章　正投影基础

第一节　投影法和三视图

一、读投影图

看懂下列三面投影图，并在圆圈内填写对应轴测图号码。

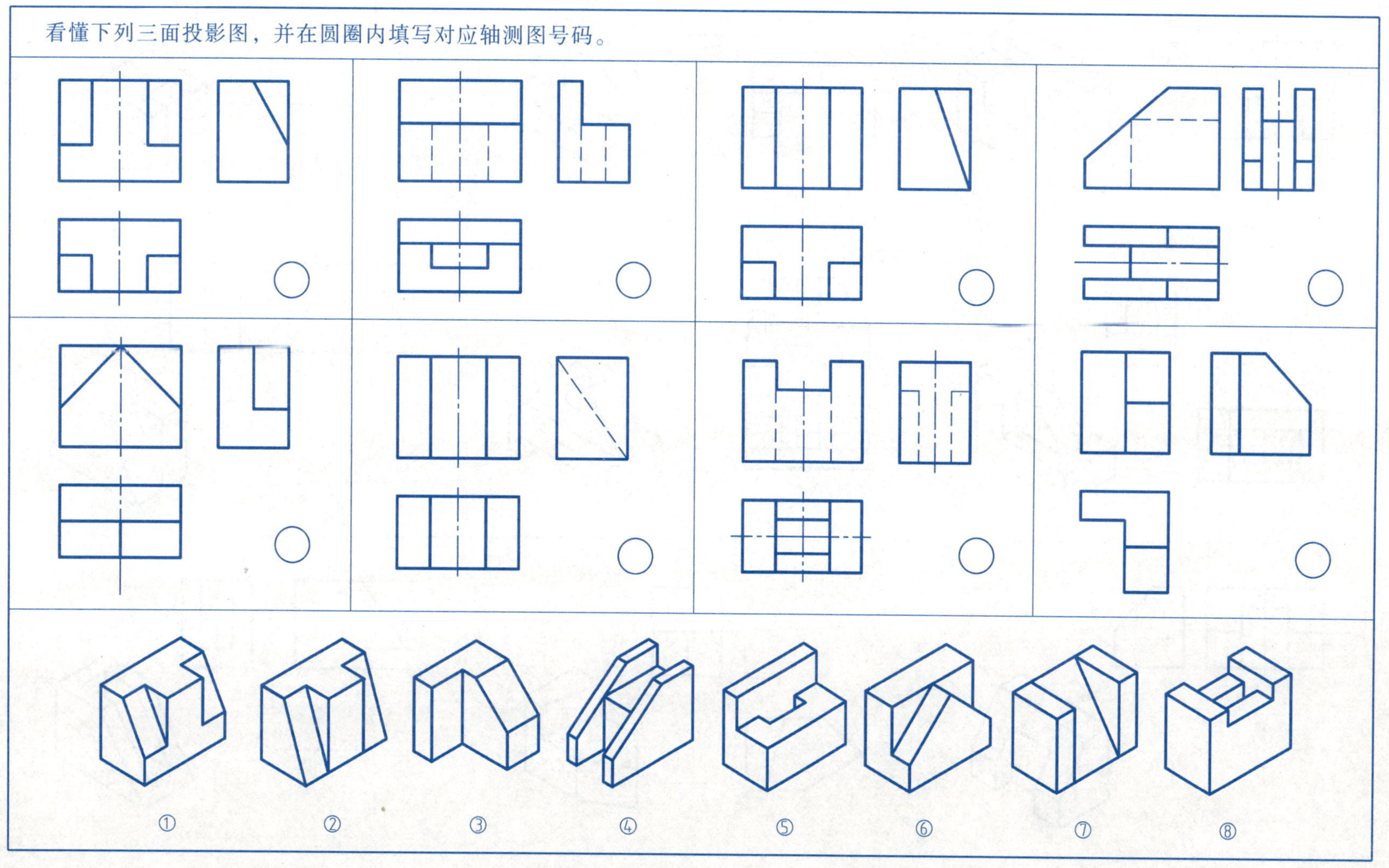

班　级＿＿＿＿＿＿＿＿　姓　名＿＿＿＿＿＿＿＿　学　号＿＿＿＿＿＿＿＿

二、补画第三投影

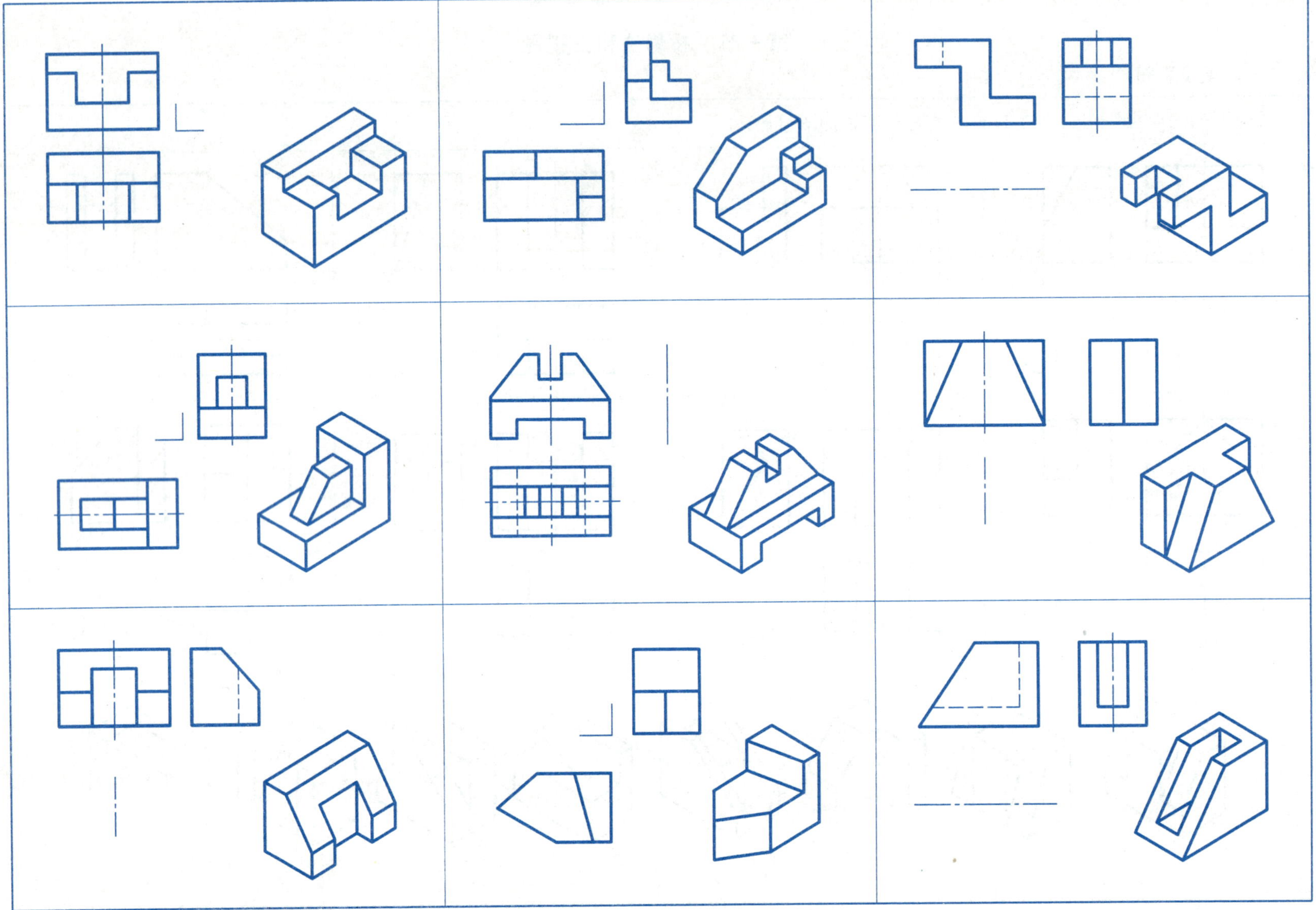

班　级＿＿＿＿＿＿＿＿　姓　名＿＿＿＿＿＿＿＿　学　号＿＿＿＿＿＿＿＿

三、画三视图

1. 内容

根据实物、模型或右边的轴测图按国家标准规定的比例在 A3 图纸上画出简单形体的三视图。

2. 要求

1）正确选择主视图的投射方向。

2）投影关系要准确。

3）图线符合规定，图面布置要合理、整洁。

班　级____________　姓　名____________　学　号____________

1）已知各点的空间位置，试作其投影图。

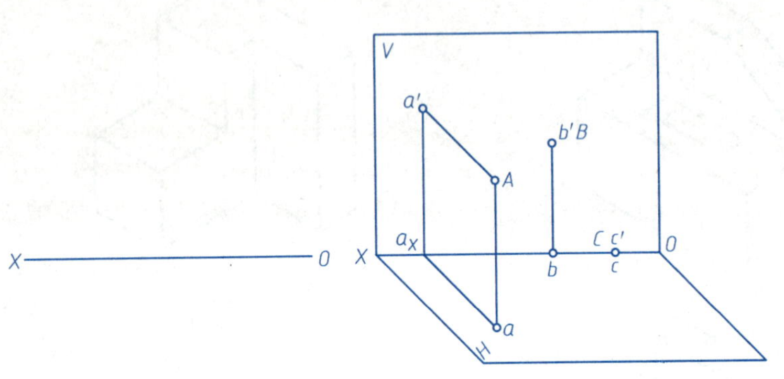

2）已知 $A(25,20,10)$、$B(10,0,15)$、$C(0,0,20)$，作出各点的三面投影图。

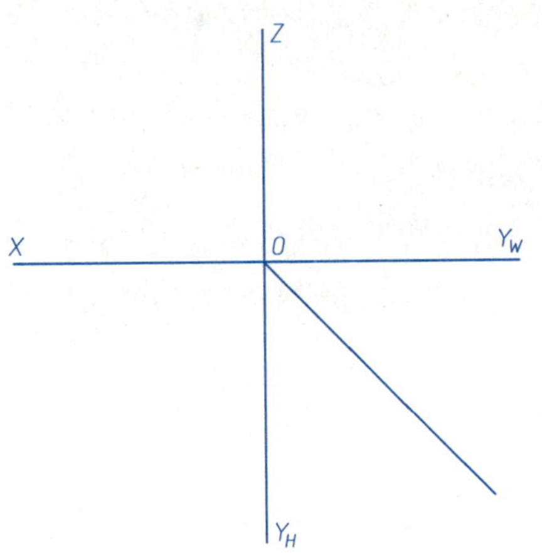

3）已知点 B 在点 A 的左方 15mm，后方 12mm，上方 10mm；另一点 C 在点 A 的正后方 10mm，求作点 B 和点 C 的三面投影。

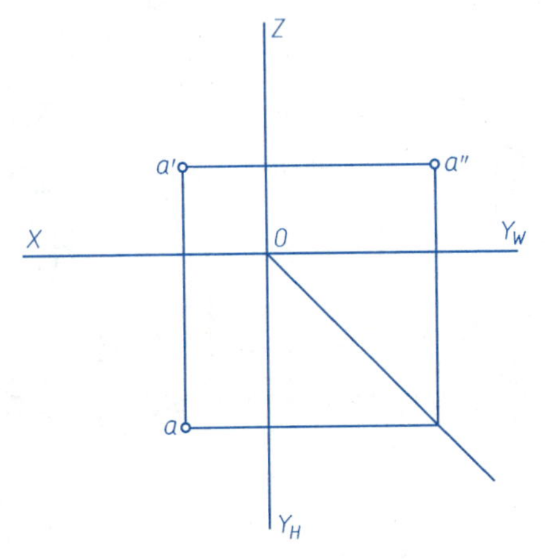

4）已知点的两个投影，求作第三投影并说明 A、B 两点的相对位置（指出左右、前后、上下方向）。

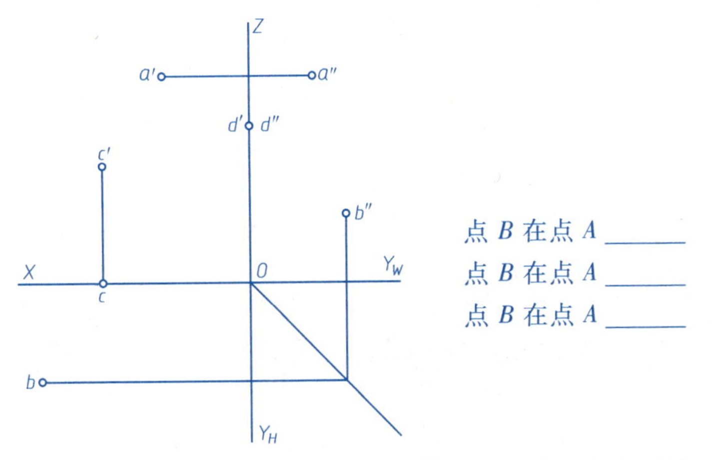

点 B 在点 A ______

点 B 在点 A ______

点 B 在点 A ______

班　级______________　姓　名______________　学　号______________

1）按下列条件补全直线的三面投影。

① AB 为水平线。

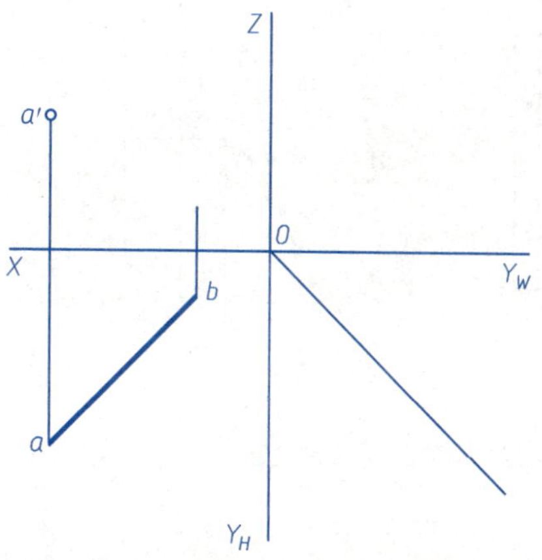

② CD 为侧垂线。

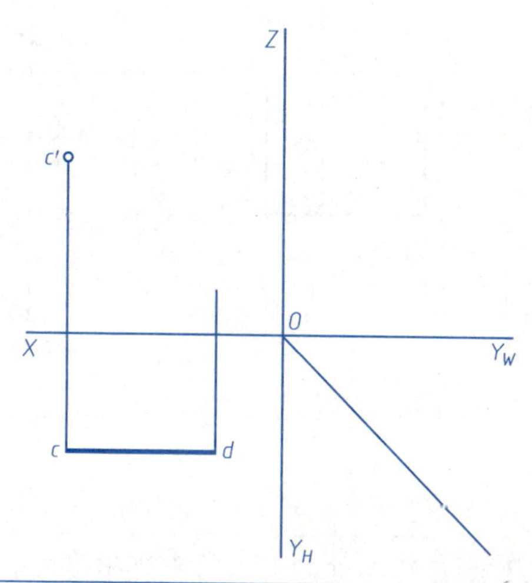

③ EF 为一般位置直线。

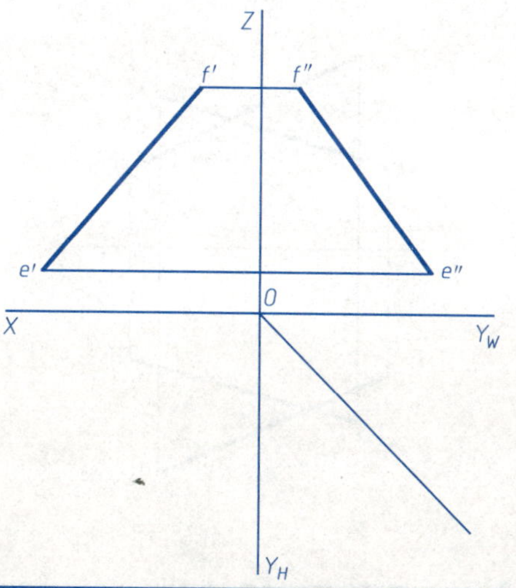

2）已知 B 点距 H 面 15mm，C 点距 V 面 8mm，求作直线 AB、CD 的另两面投影。

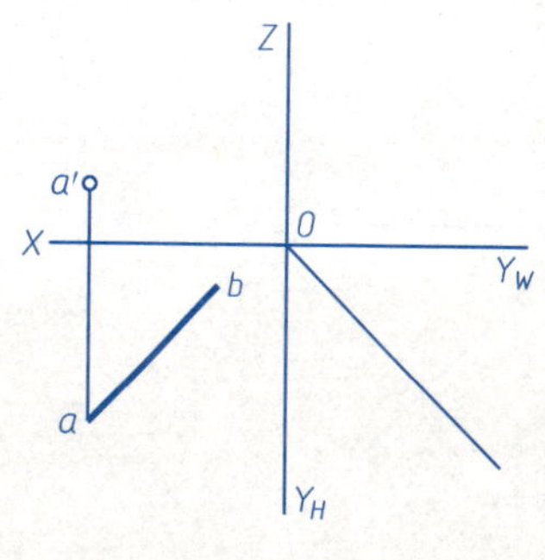

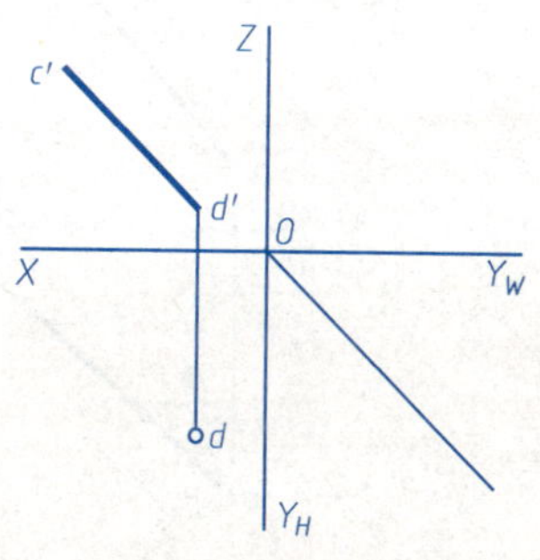

班　级＿＿＿＿＿＿　姓　名＿＿＿＿＿＿　学　号＿＿＿＿＿＿

3）判断两直线的相对位置，并判断重影点的可见性。

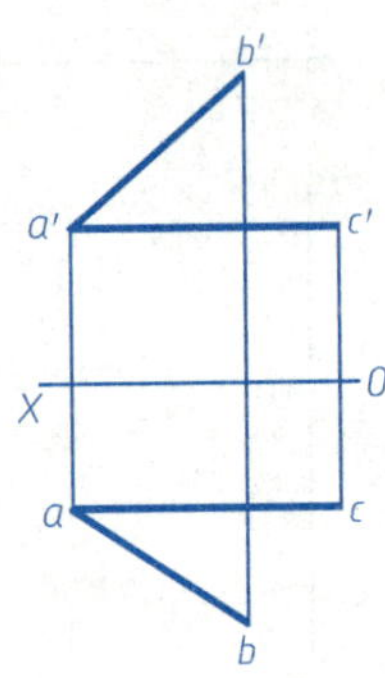

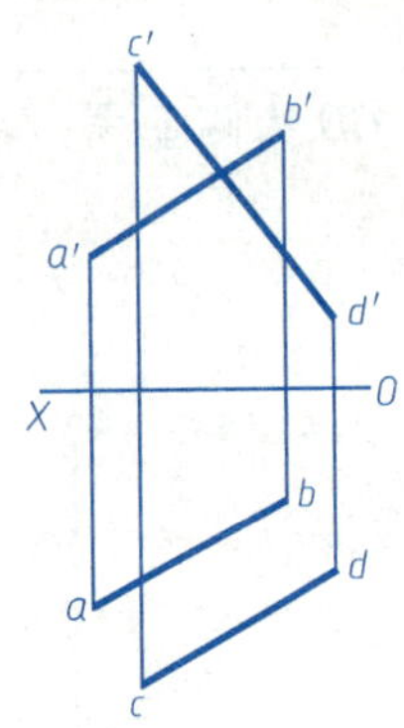

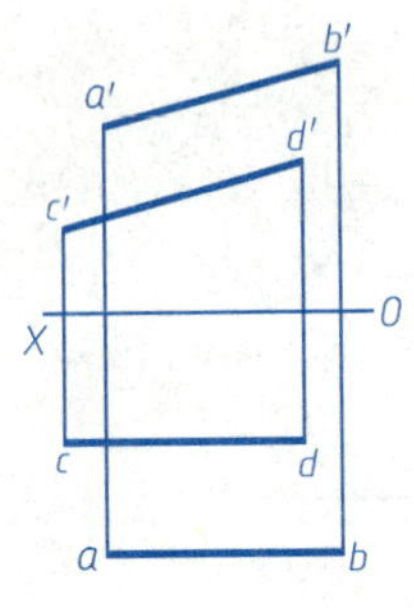

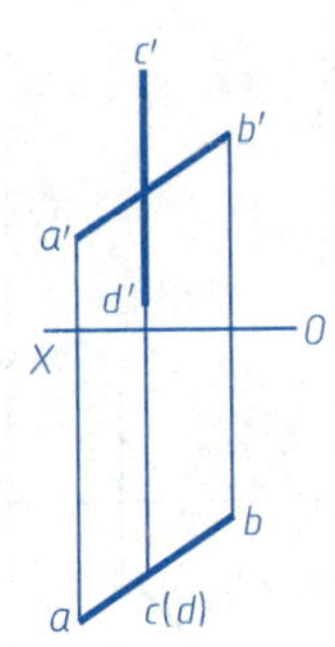

4）已知直线上点 K 到 H 面和 V 面的距离相等，求点 K 的投影。

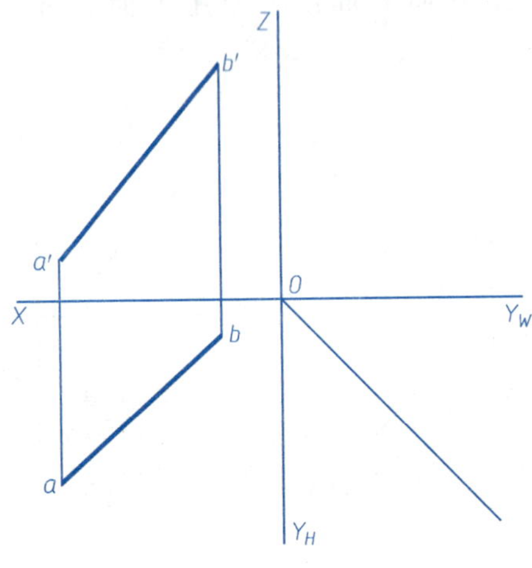

5）判断两直线的相对位置，并判断重影点的可见性。

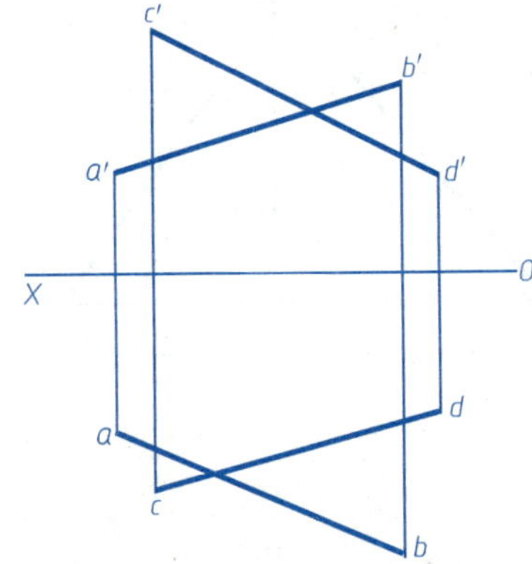

班　级________　姓　名________　学　号________

第四节　平面的投影

1）求平面 *ABC* 的侧面投影及面上 *D* 点的其他两个投影。

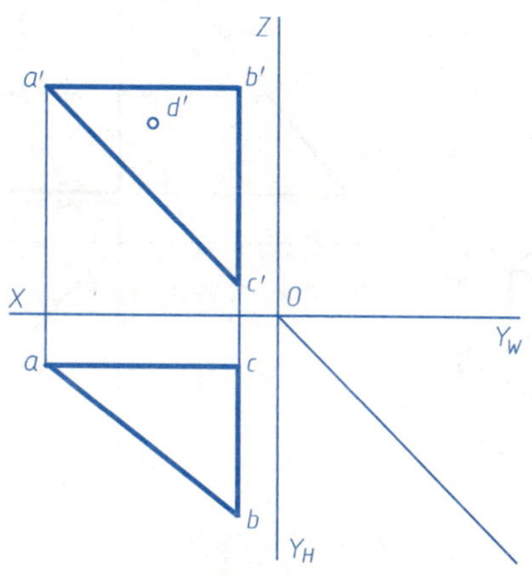

2）求平面 *ABC* 的水平投影及面上直线 *DE* 的其他两个投影。

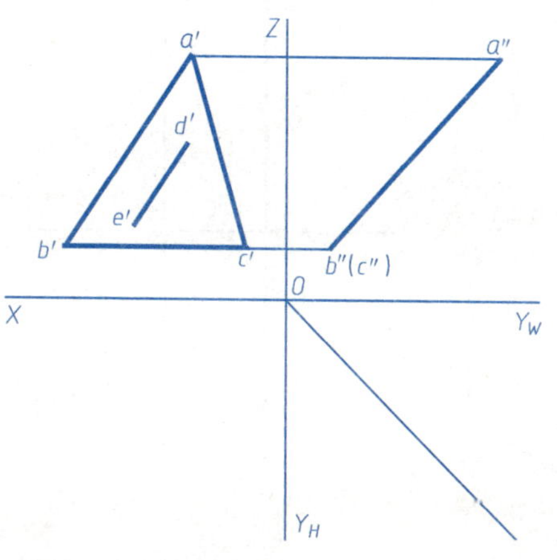

3）作出平面图形上点 *D* 的水平投影。

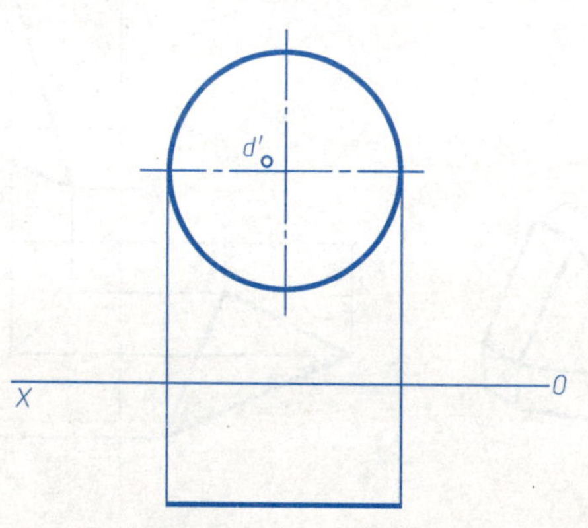

4）完成平面图形的水平投影。

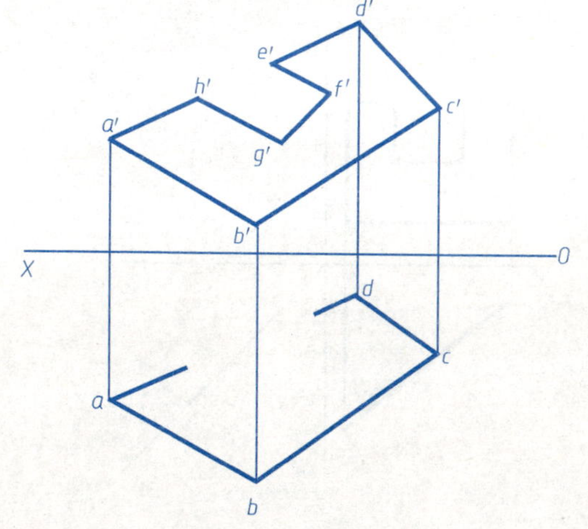

班　级＿＿＿＿＿＿＿＿　姓　名＿＿＿＿＿＿＿＿　学　号＿＿＿＿＿＿＿＿

5）已知 *A* 面为侧平面，根据轴测图完成它的侧面投影。

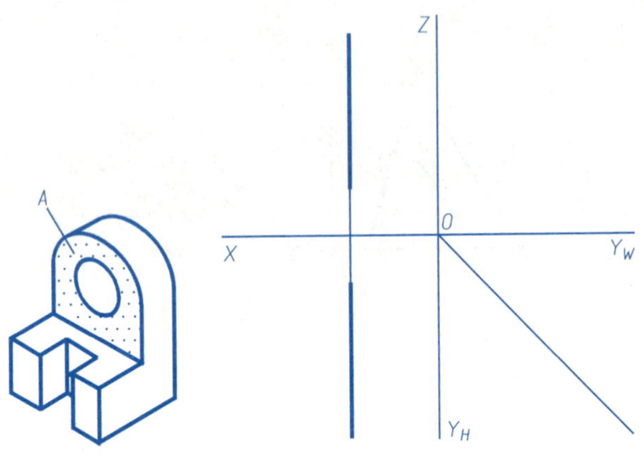

6）已知 *A* 面为正垂面，根据轴测图完成它的水平投影。

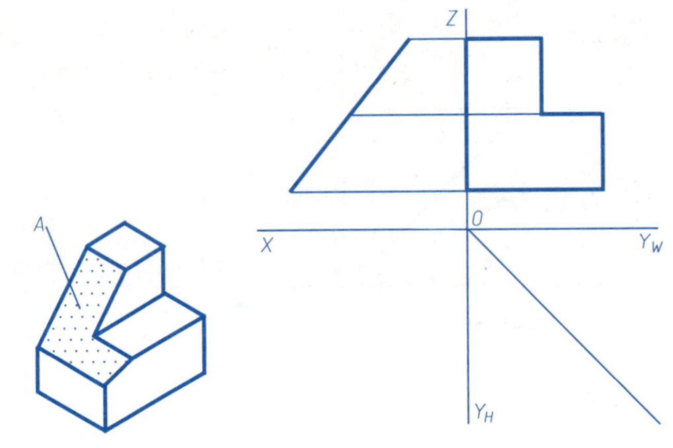

7）作出平面图形的侧面投影。

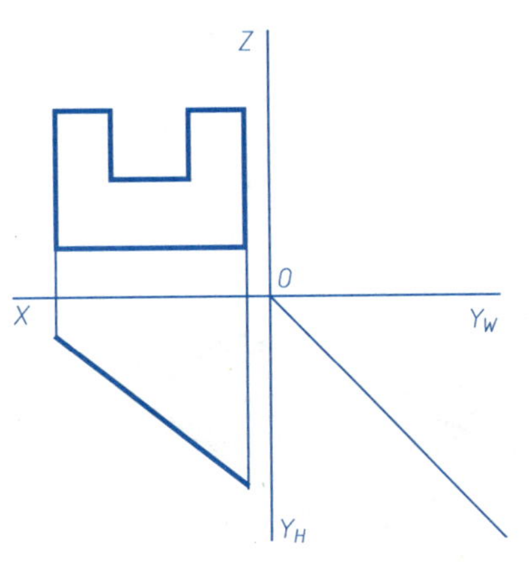

8）已知 *A* 面为一般位置平面，根据轴测图完成它的正面投影。

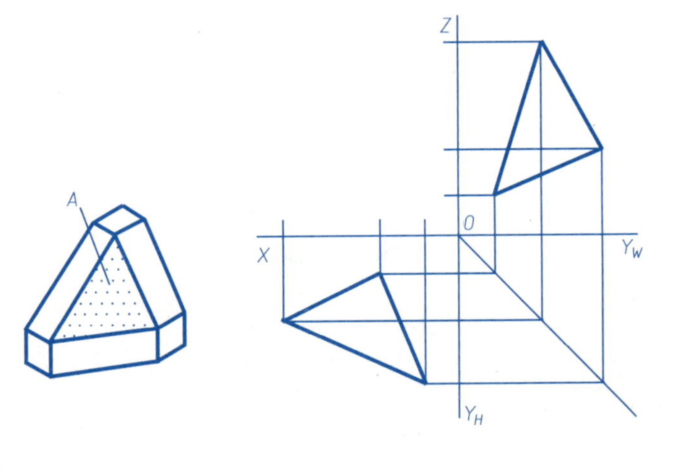

班　级＿＿＿＿＿＿＿＿　姓　名＿＿＿＿＿＿＿＿　学　号＿＿＿＿＿＿＿＿

第三章　立体的投影

第一节　平面立体的投影及其表面交线

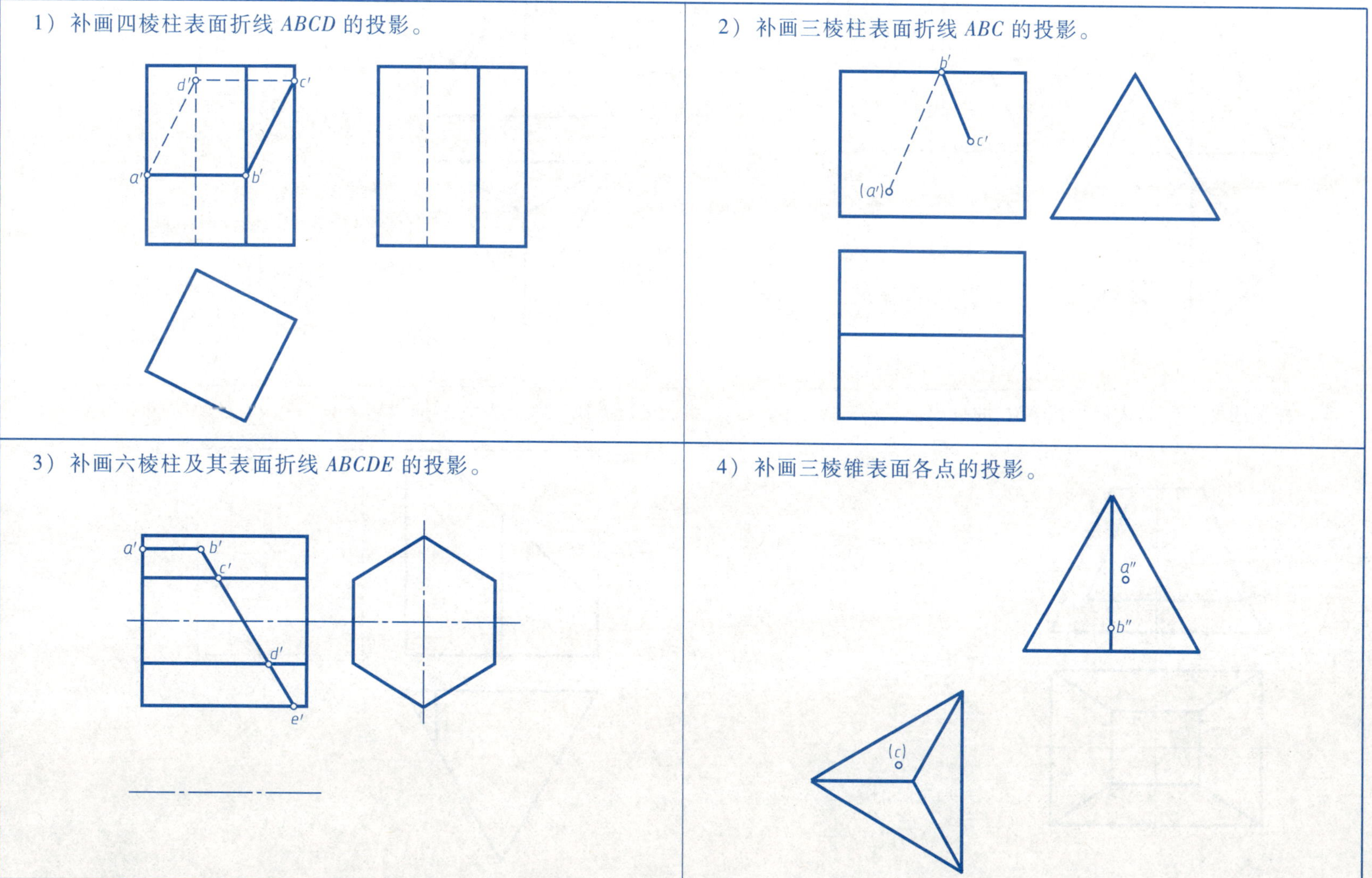

5）补画四棱锥表面各点的投影。

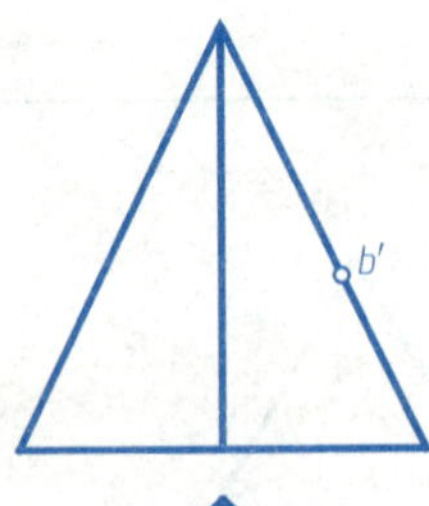

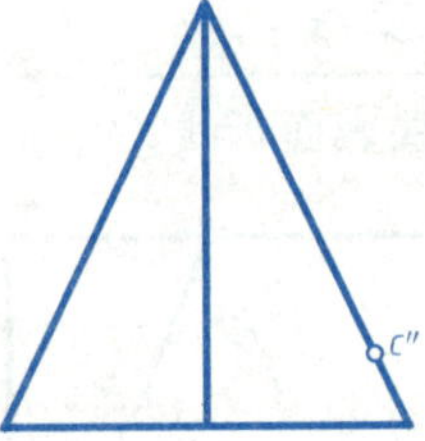

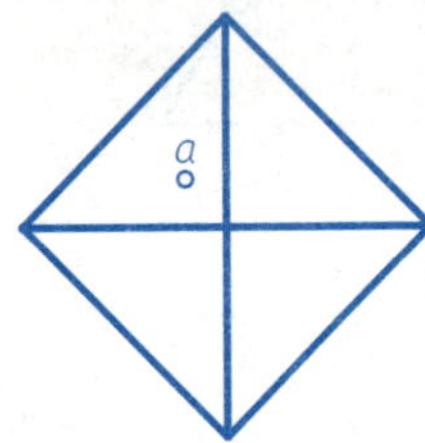

6）补画三棱锥及其表面折线 *ABCD* 的投影。

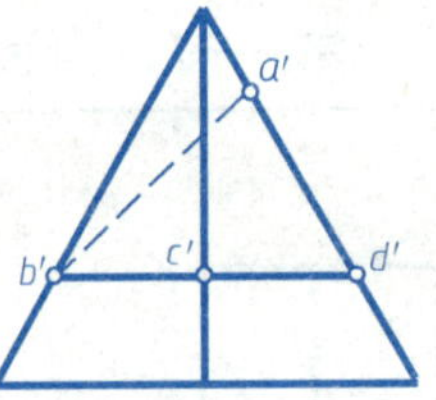

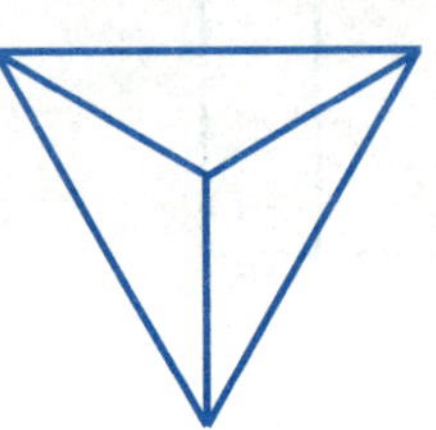

7）补画四棱台及其表面折线 *ABC* 的投影。

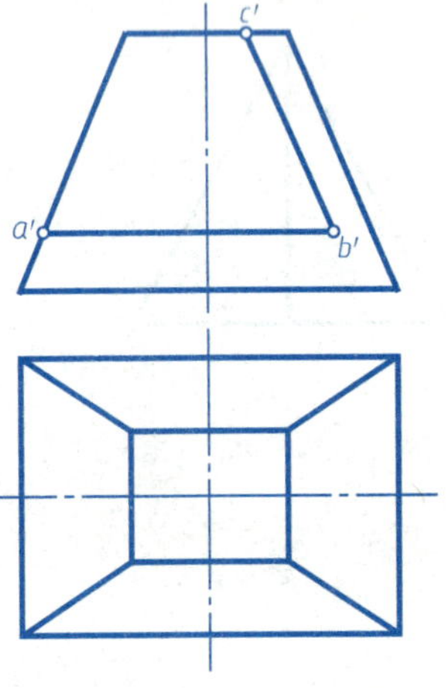

8）补画三棱柱截切后的投影。

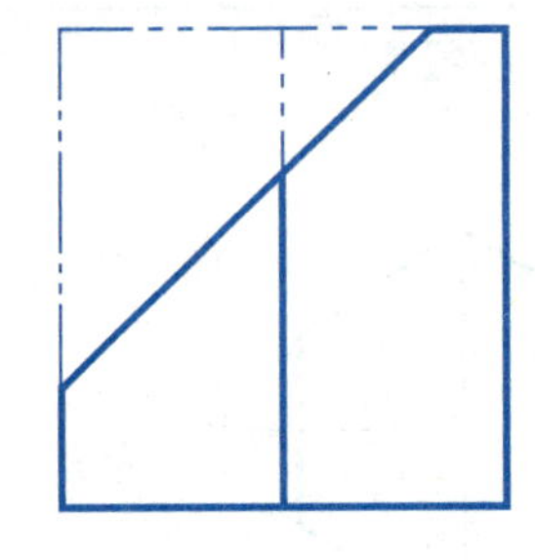

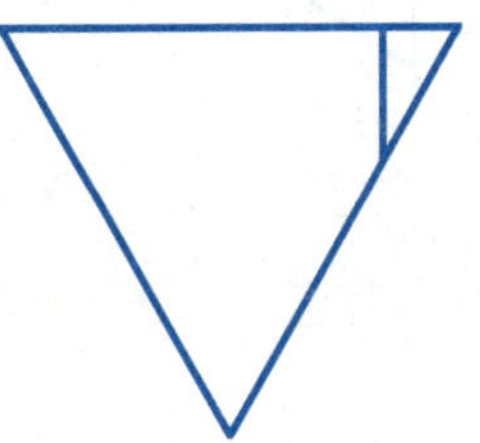

班　级＿＿＿＿＿＿＿＿　姓　名＿＿＿＿＿＿＿＿　学　号＿＿＿＿＿＿＿＿

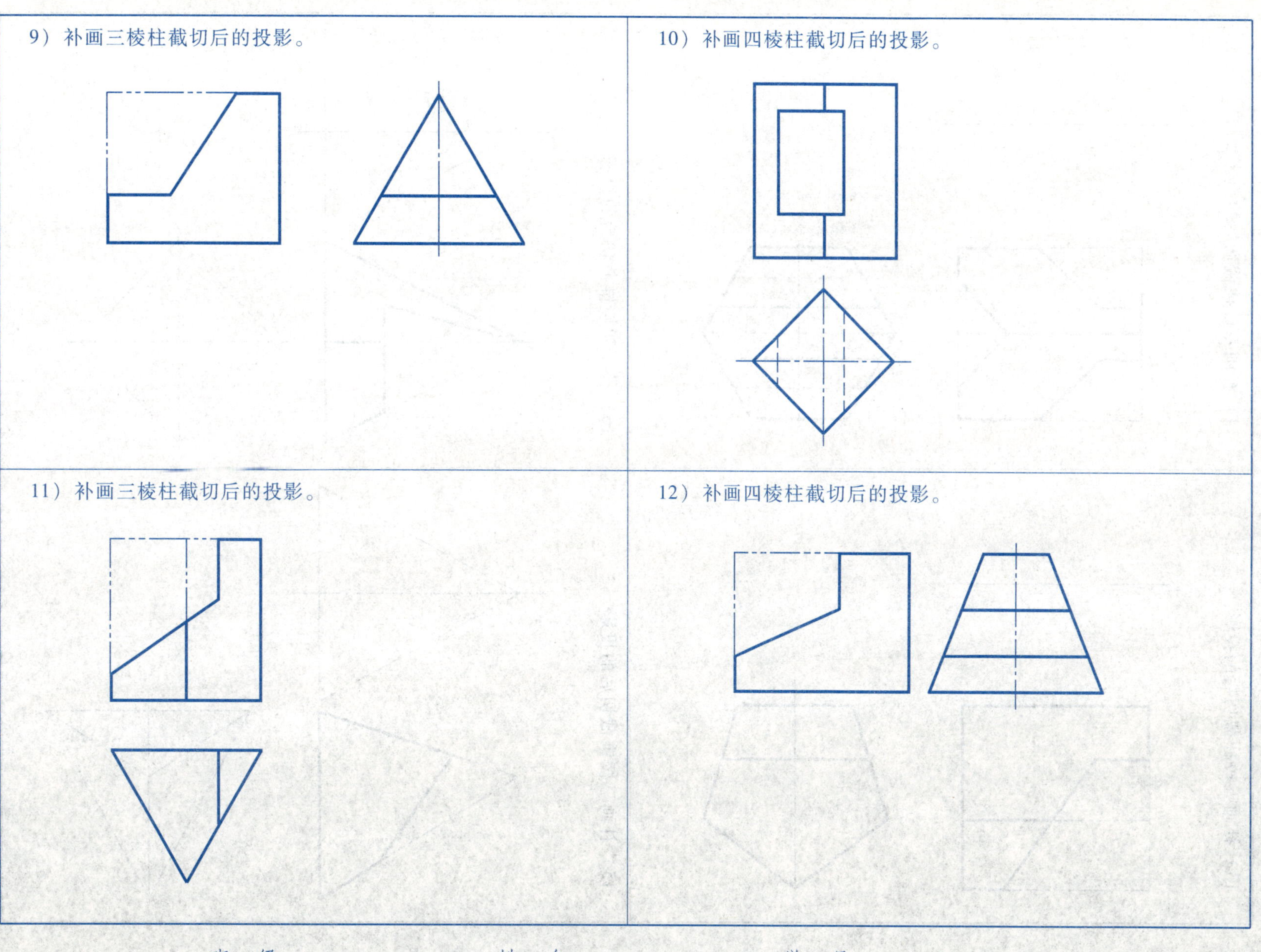
9）补画三棱柱截切后的投影。
10）补画四棱柱截切后的投影。
11）补画三棱柱截切后的投影。
12）补画四棱柱截切后的投影。

班　级＿＿＿＿＿＿＿＿　姓　名＿＿＿＿＿＿＿＿　学　号＿＿＿＿＿＿＿＿

13）补画五棱柱截切后的投影。

14）补画六棱柱截切后的投影。

15）补画三棱锥截切后的投影。

16）补画四棱锥截切后的投影。

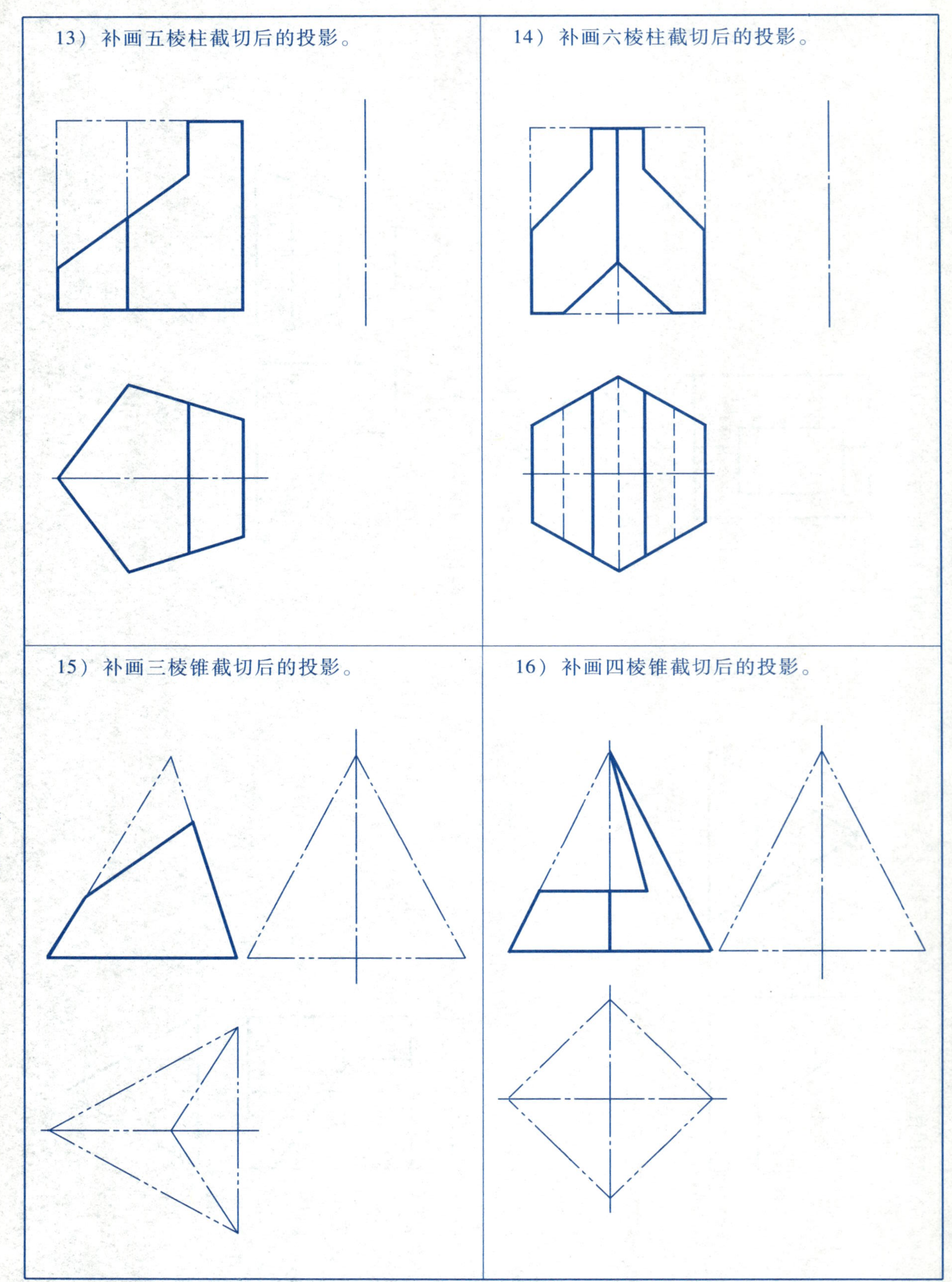

班　级＿＿＿＿＿＿＿＿　姓　名＿＿＿＿＿＿＿＿　学　号＿＿＿＿＿＿＿＿

17）补画三棱锥截切后的投影。

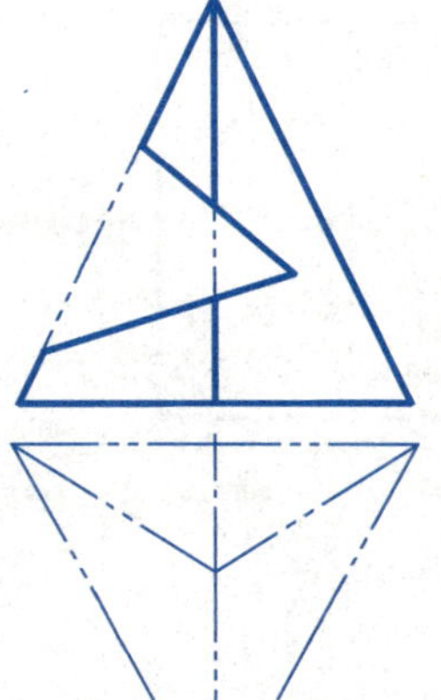

18）补画三棱锥截切后的投影。

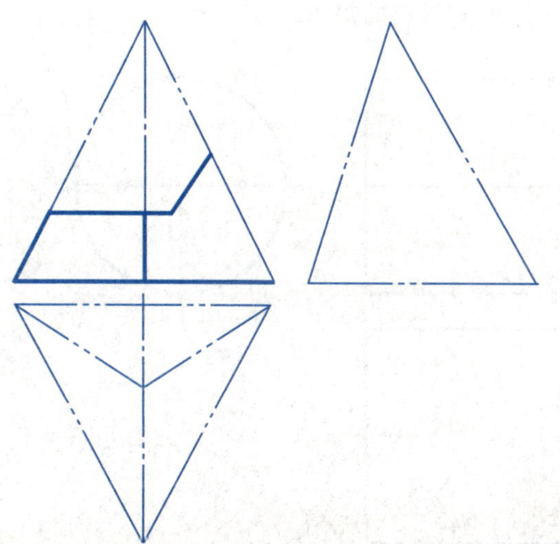

19）补画四棱台截切后的投影。

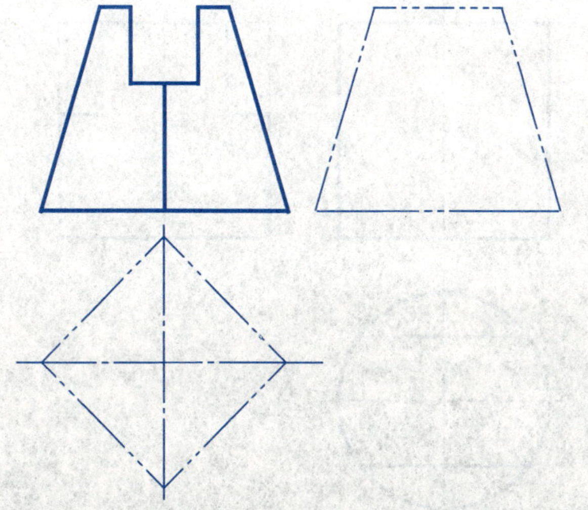

20）补画四棱台截切后的投影。

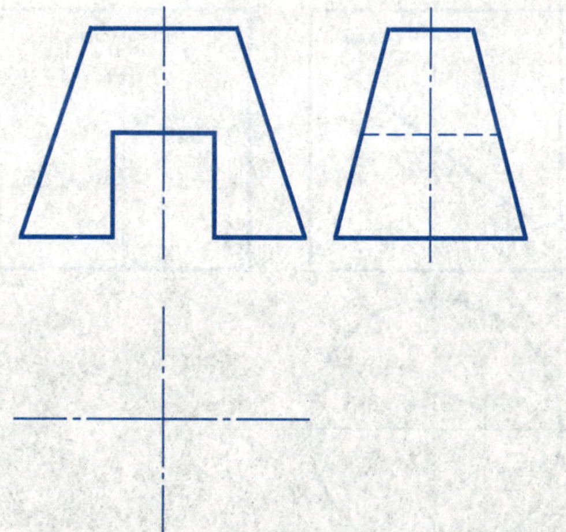

班　级＿＿＿＿＿＿＿＿　姓　名＿＿＿＿＿＿＿＿　学　号＿＿＿＿＿＿＿＿

1）补画圆柱表面各点的投影。

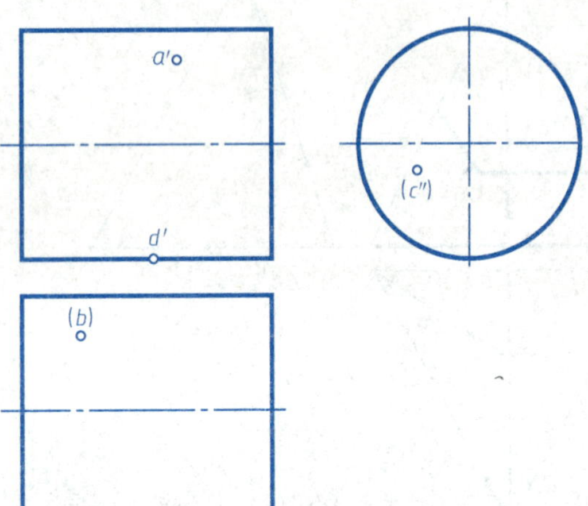

2）补画圆柱表面上线 *ABC* 的投影。

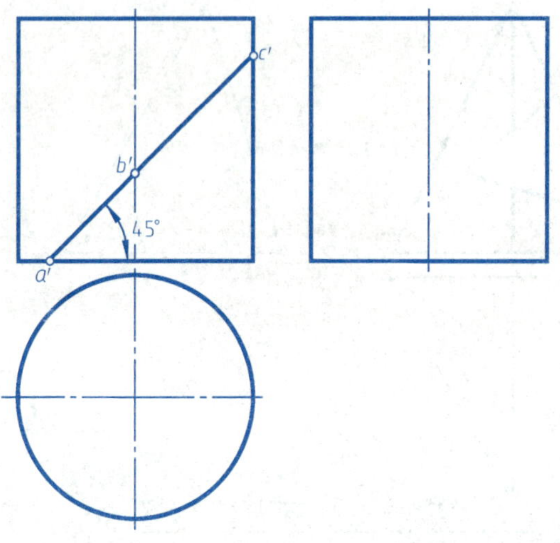

3）补画圆柱表面上线 *ABCD* 的投影。

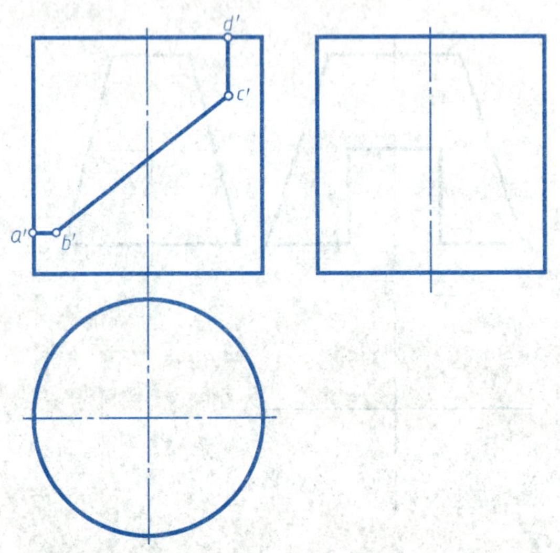

4）补画圆柱被截切后的漏线。

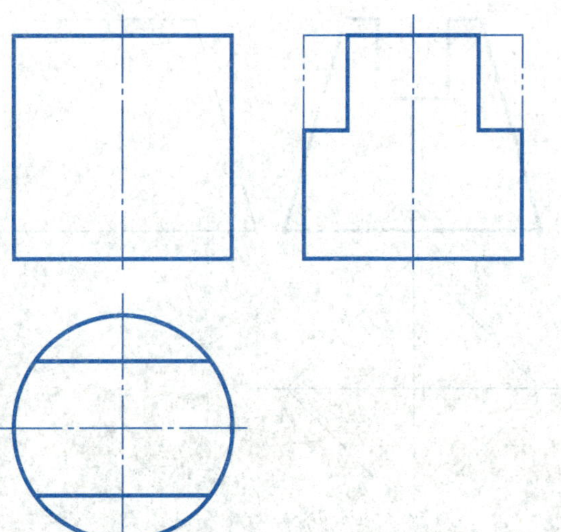

班　级＿＿＿＿＿＿＿＿　姓　名＿＿＿＿＿＿＿＿　学　号＿＿＿＿＿＿＿＿

5）补画圆柱被截切后的投影。

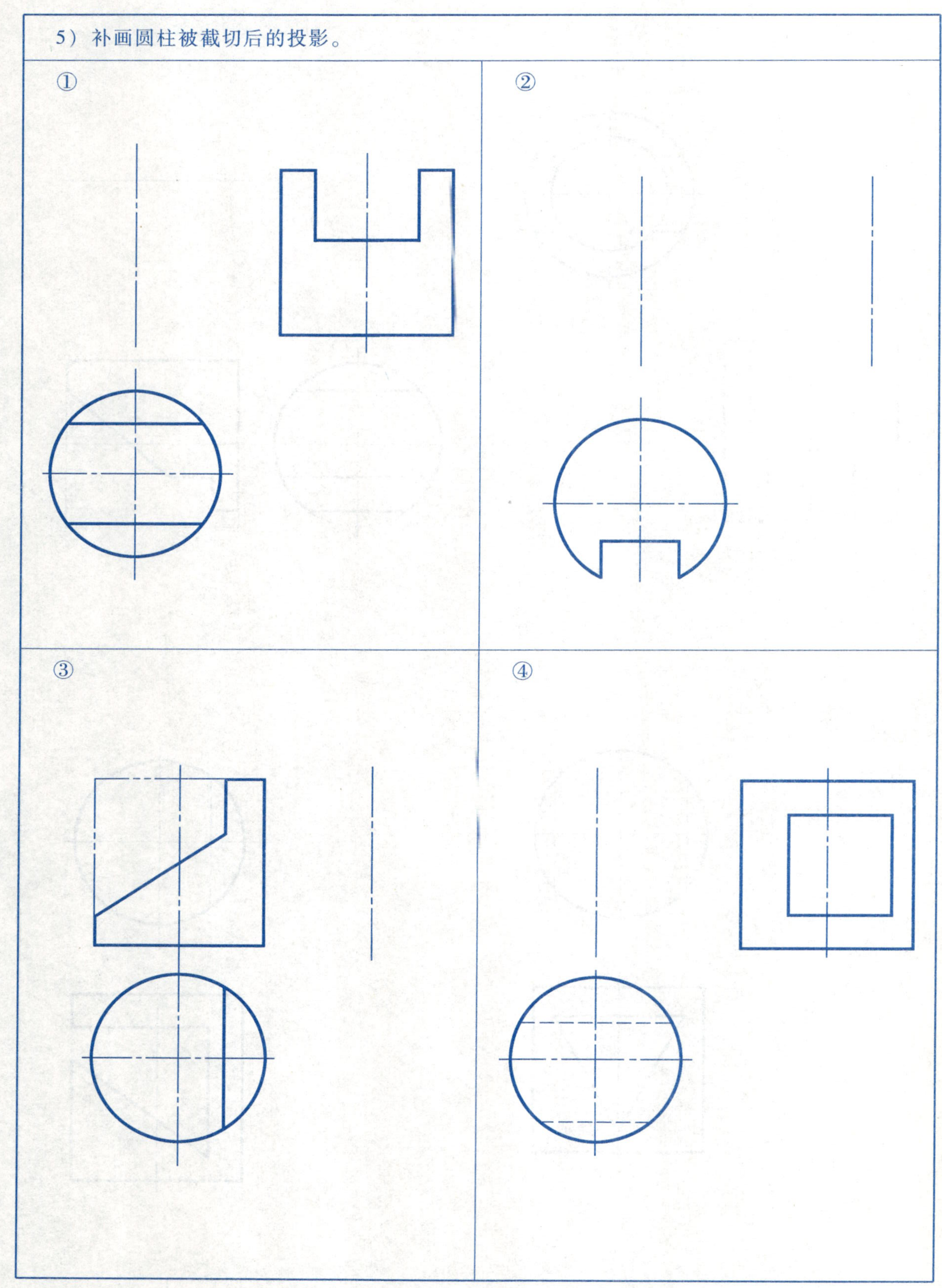

班　级________　姓　名________　学　号________

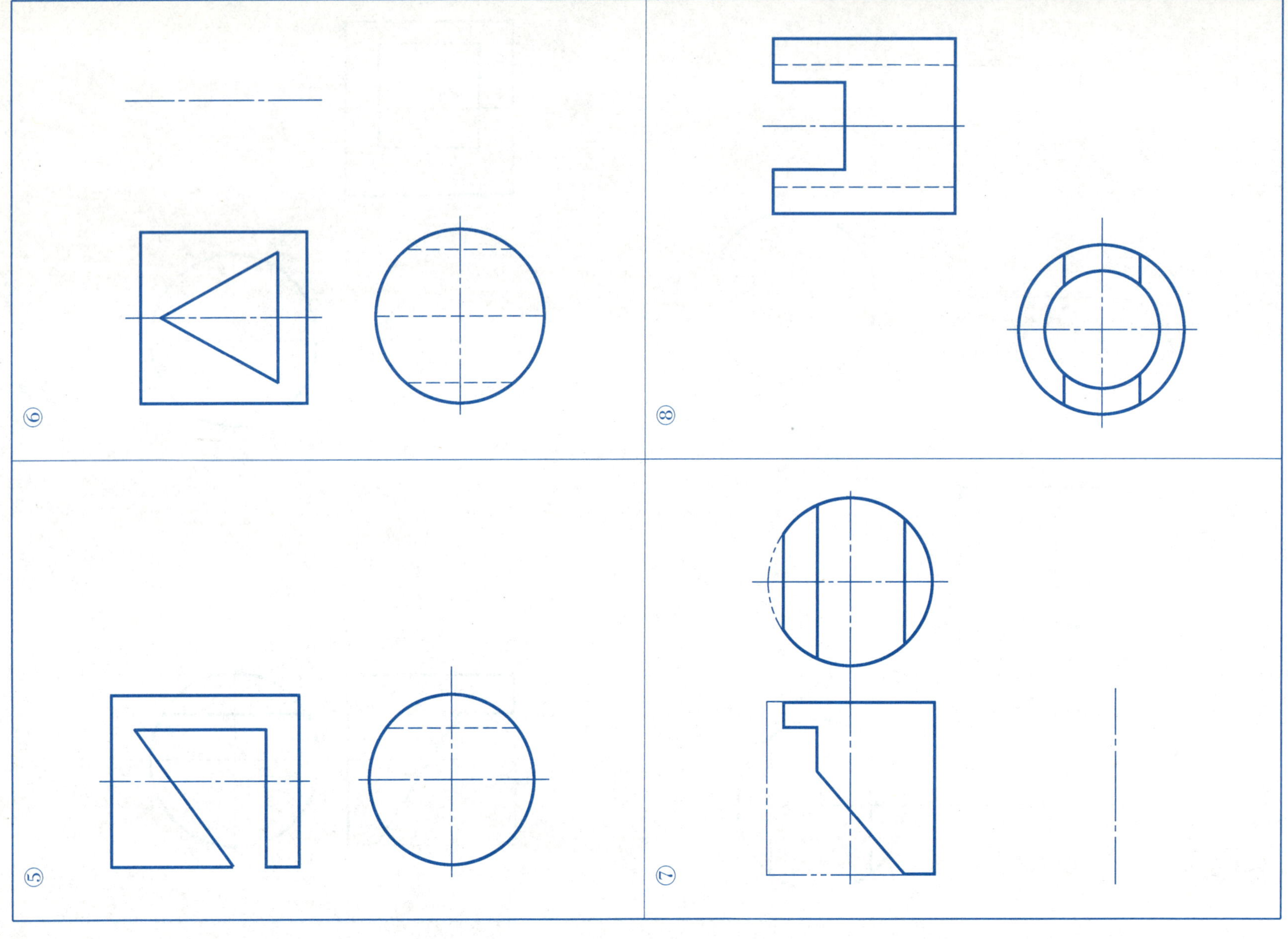

班　级＿＿＿＿＿＿＿＿　姓　名＿＿＿＿＿＿＿＿　学　号＿＿＿＿＿＿＿＿

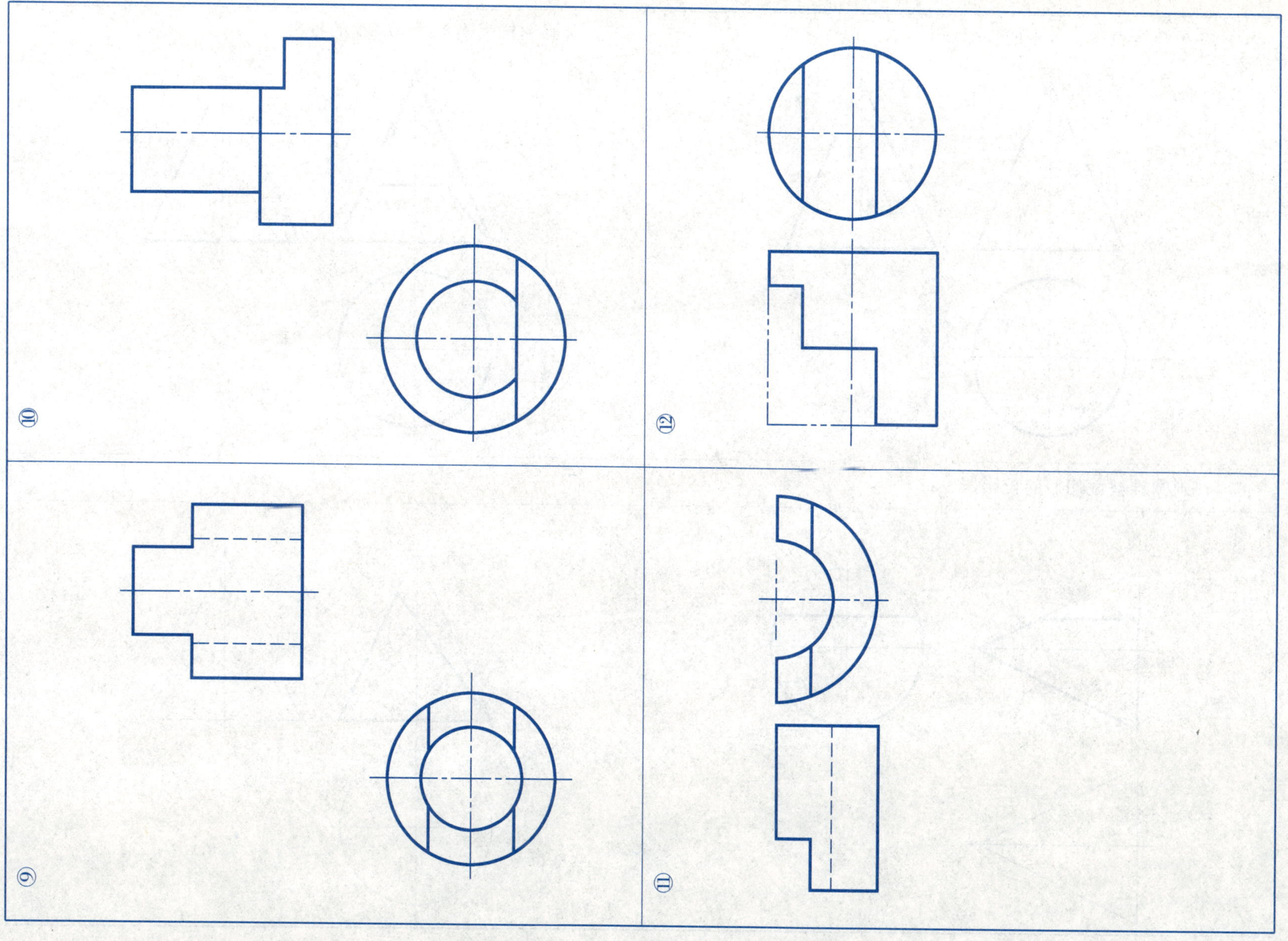

班　级________　姓　名________　学　号________

6）补画圆锥表面上各点的投影。

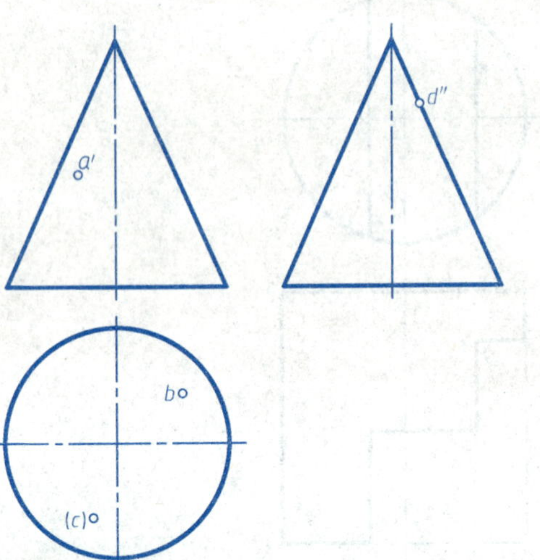

7）补画圆锥表面上线 *ABCD* 的投影。

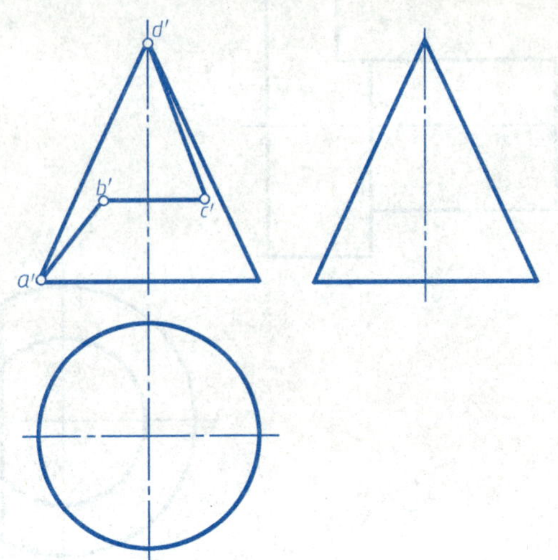

8）补画圆锥被截切后的投影。

①

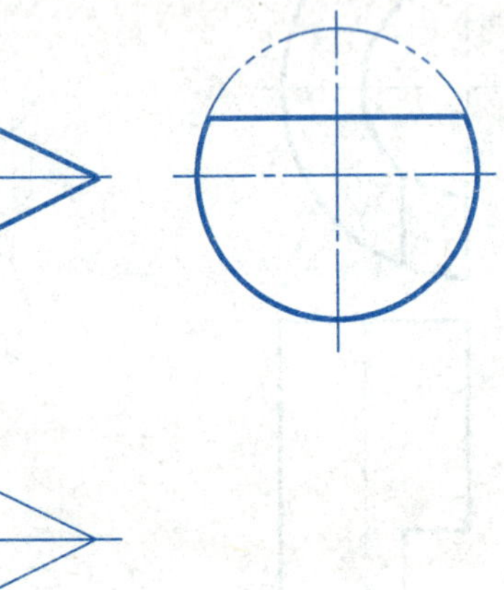

②

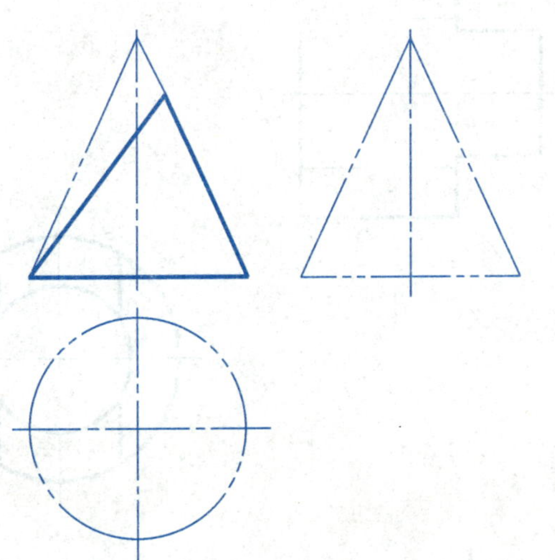

班 级________ 姓 名________ 学 号________

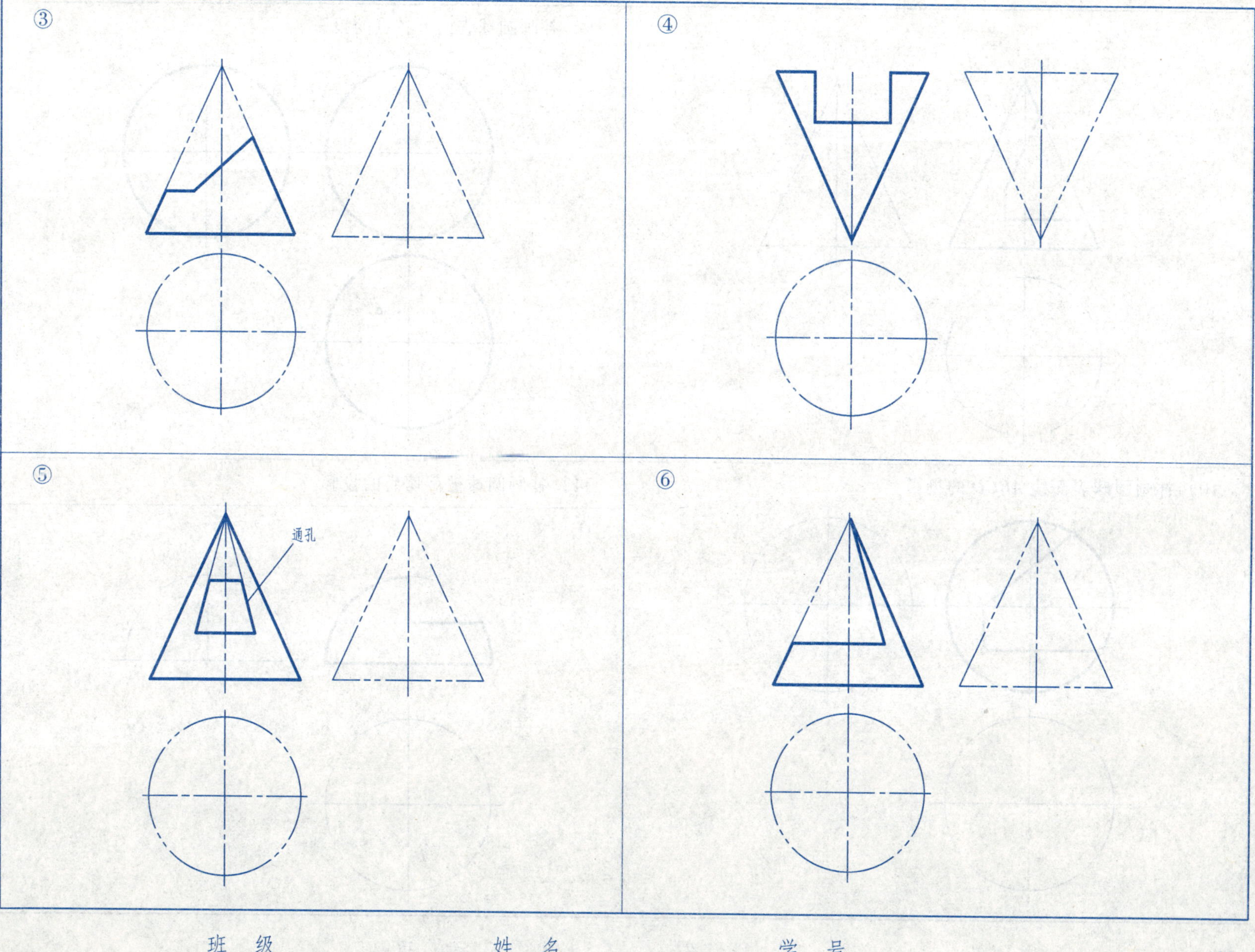

班 级________ 姓 名________ 学 号________

⑦

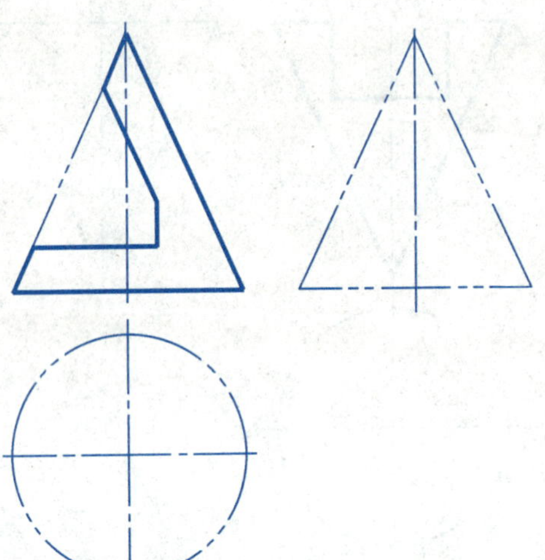

9）补画圆球表面上各点的投影。

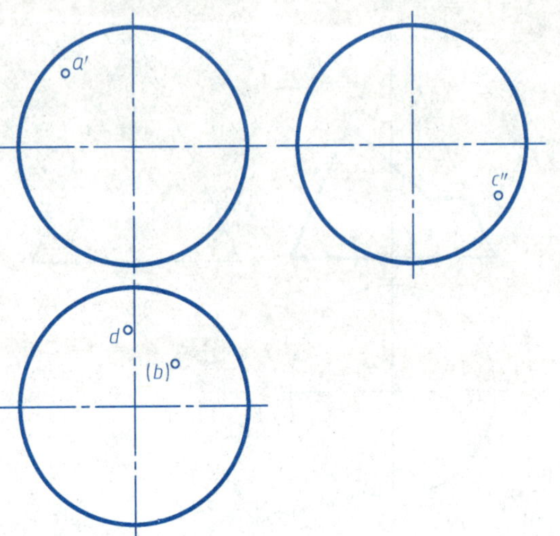

10）补画圆球表面线 *ABCD* 的投影。

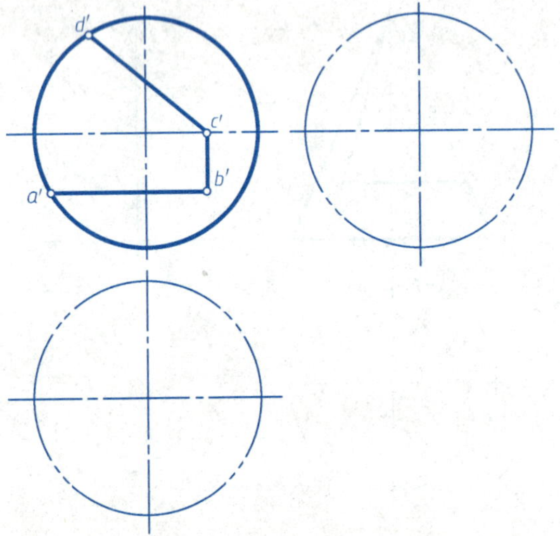

11）补画圆球被截切后的投影。

①

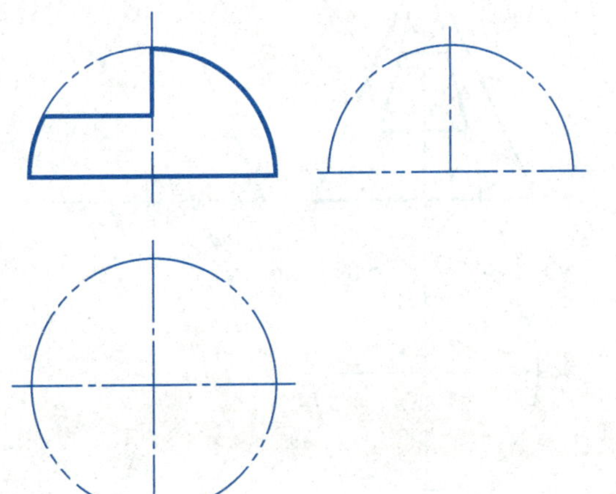

班　级＿＿＿＿＿＿＿＿　姓　名＿＿＿＿＿＿＿＿　学　号＿＿＿＿＿＿＿＿

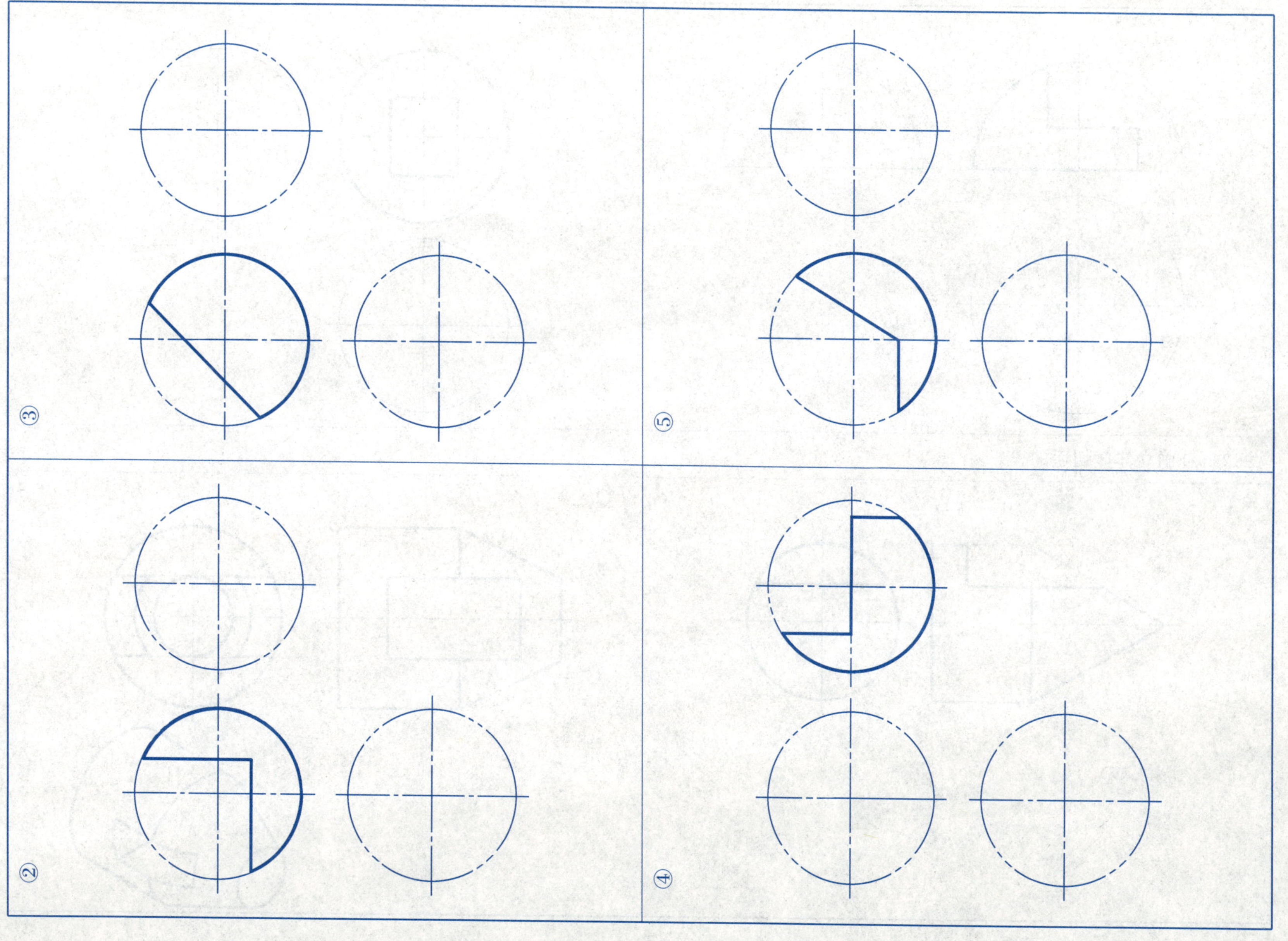

班 级________ 姓 名________ 学 号________

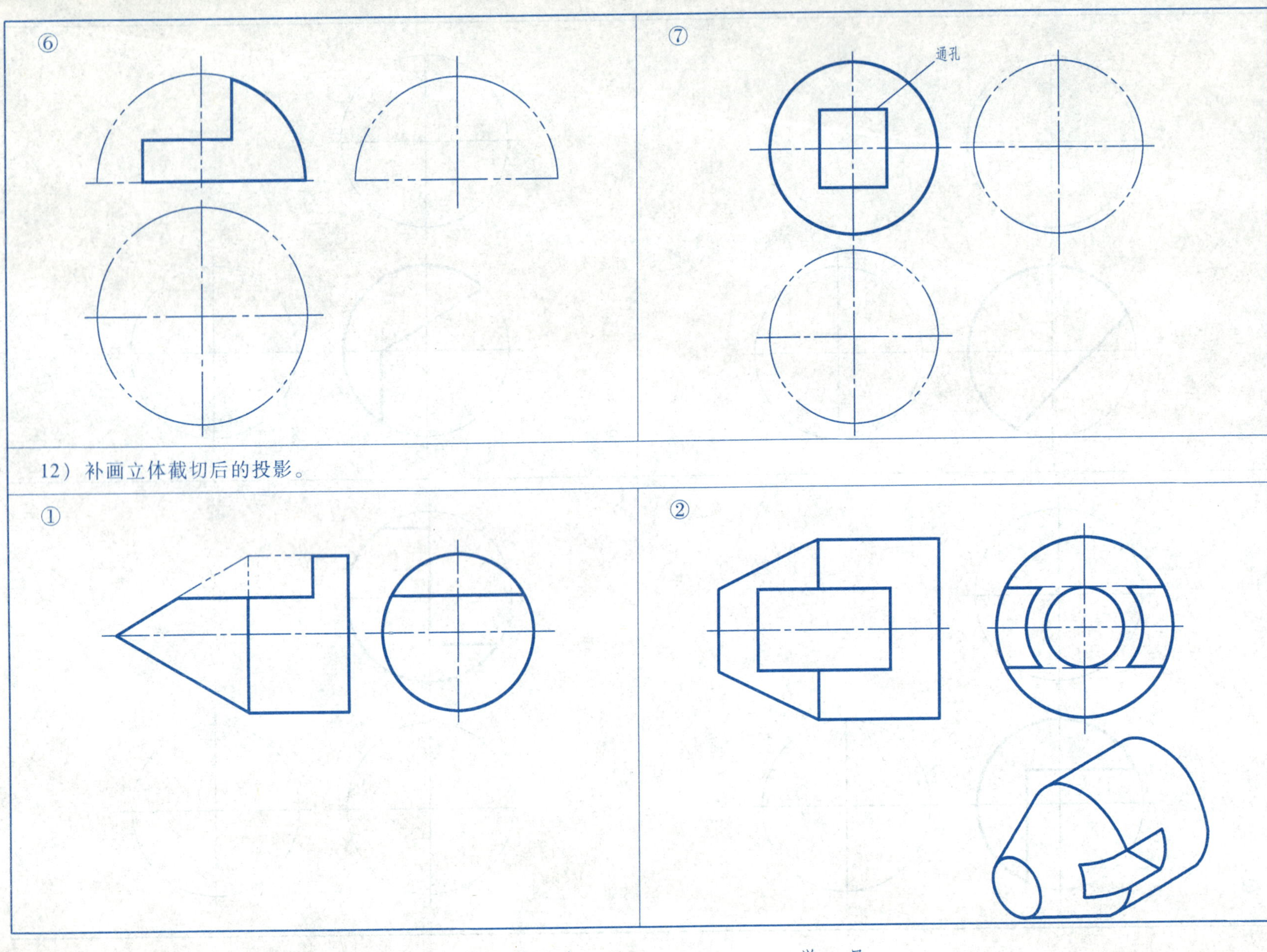

 班 级________ 姓 名________ 学 号________

第三节　两立体相交的相贯线

1）补全立体投影中的漏线。

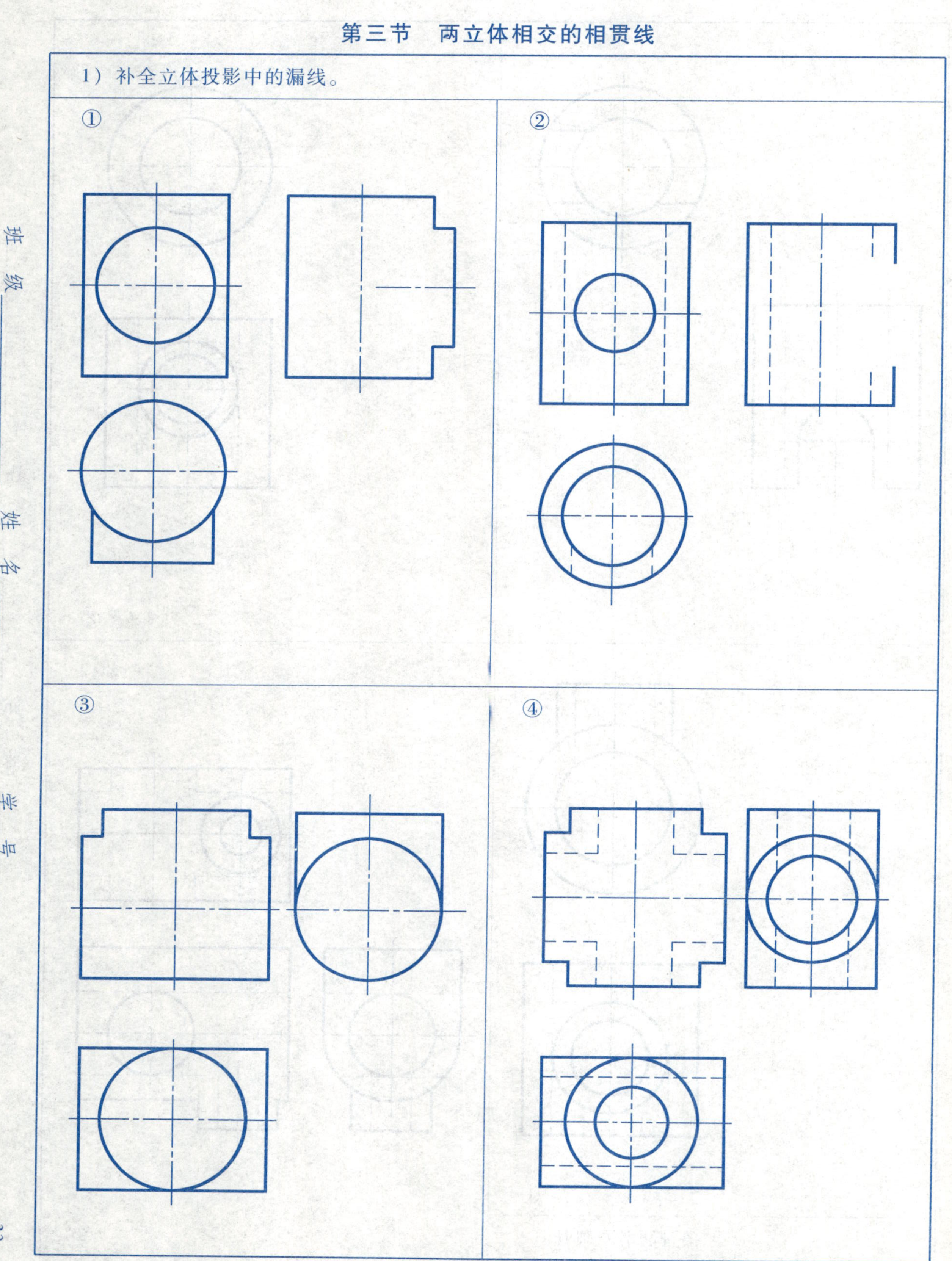

班　级________　姓　名________　学　号________

2）补画立体的投影。

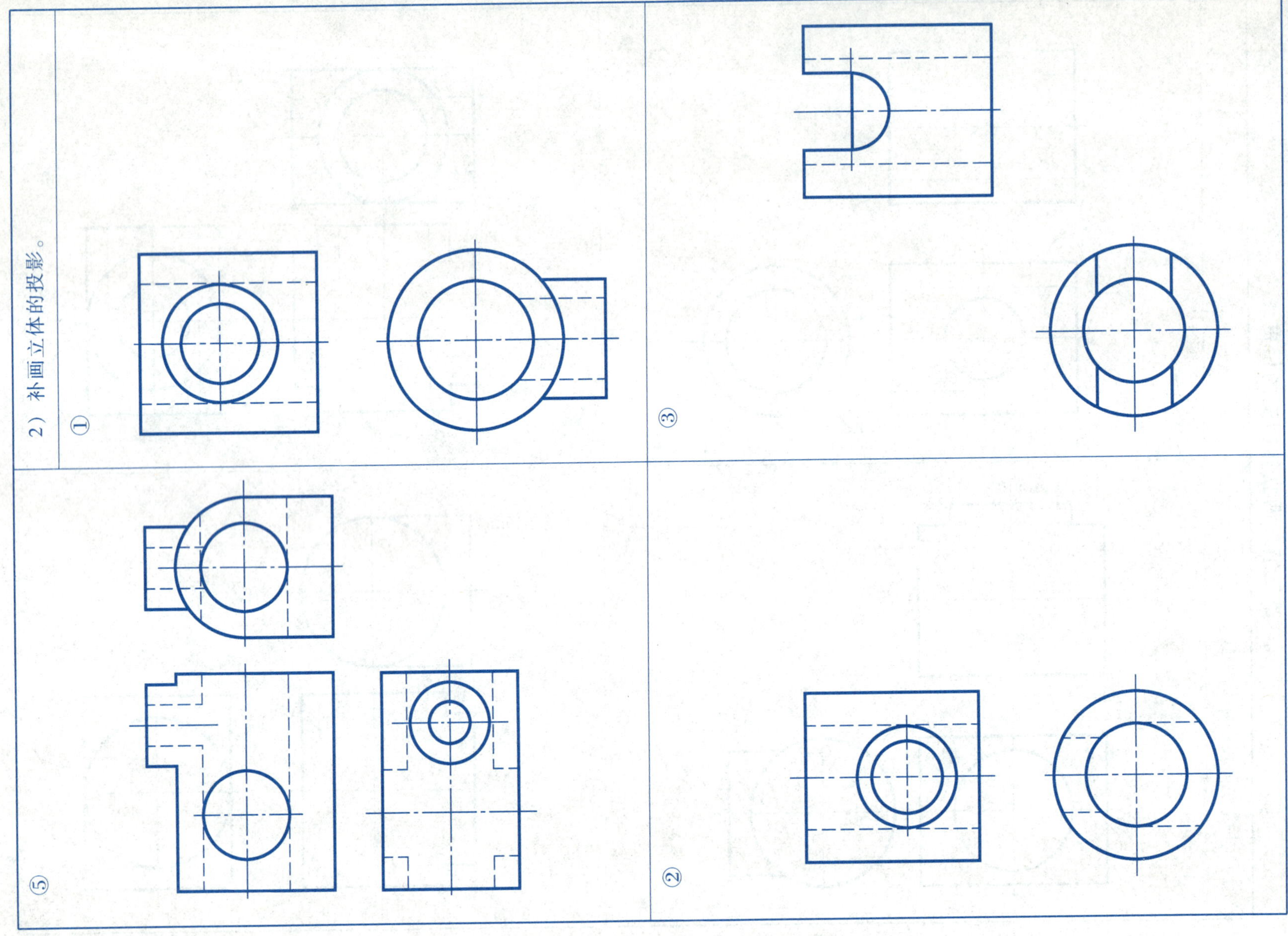

班 级________ 姓 名________ 学 号________

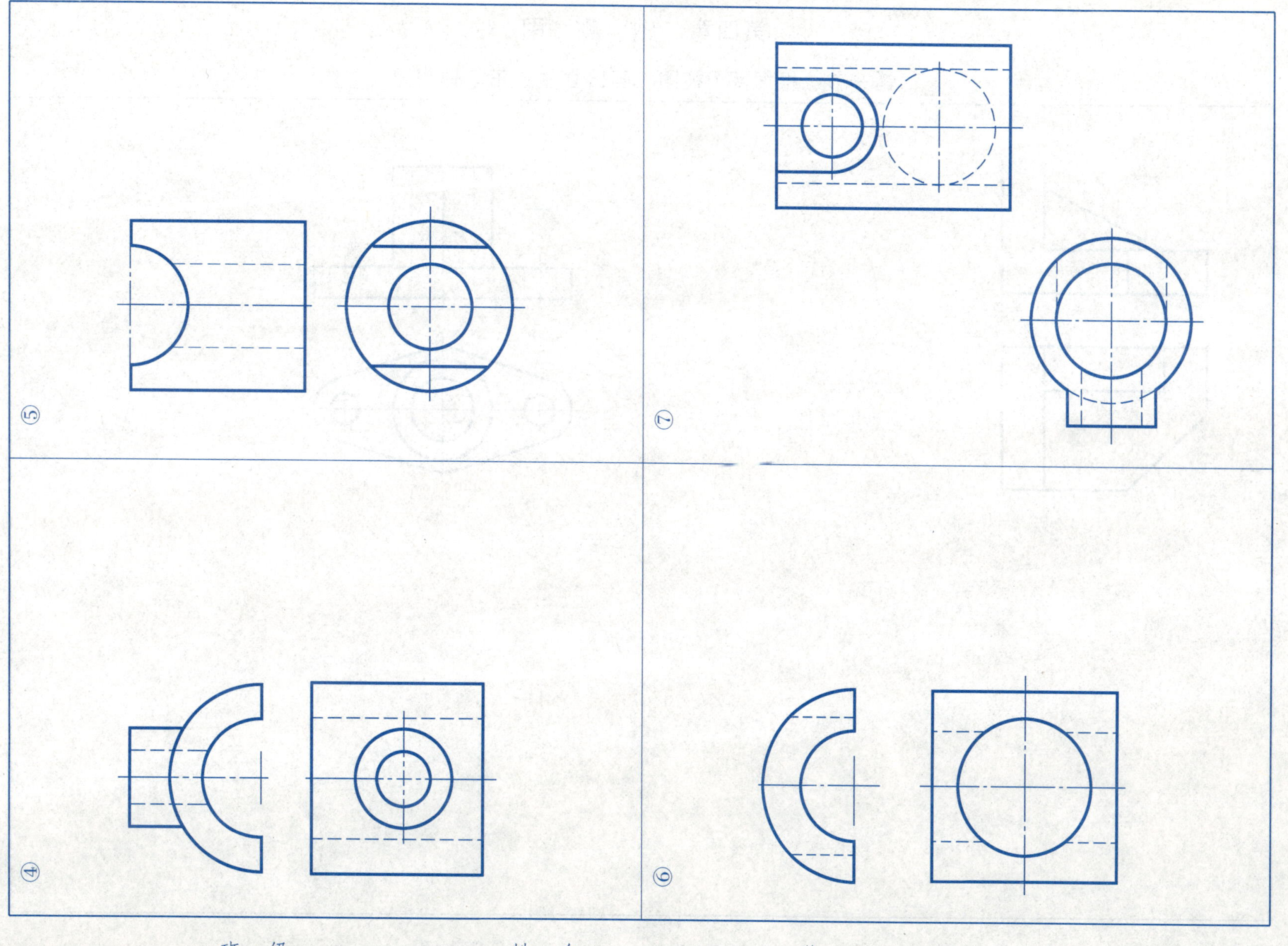

班　级________________　姓　名________________　学　号________________

第四章 轴 测 图

第一节 根据两个视图，画出立体的正等轴测图

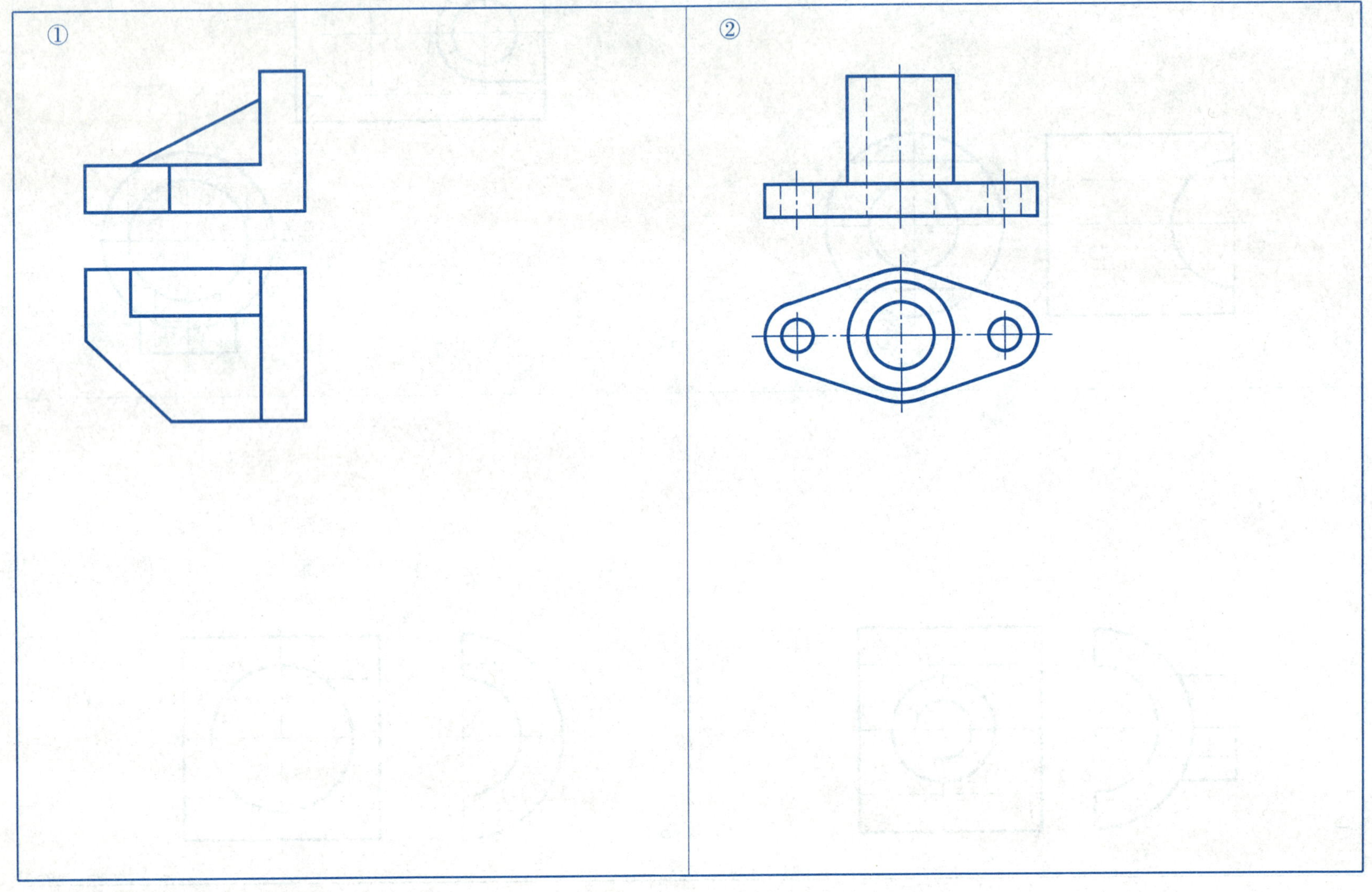

班 级________ 姓 名________ 学 号________

第二节　根据两个视图，画出立体的斜二轴测图

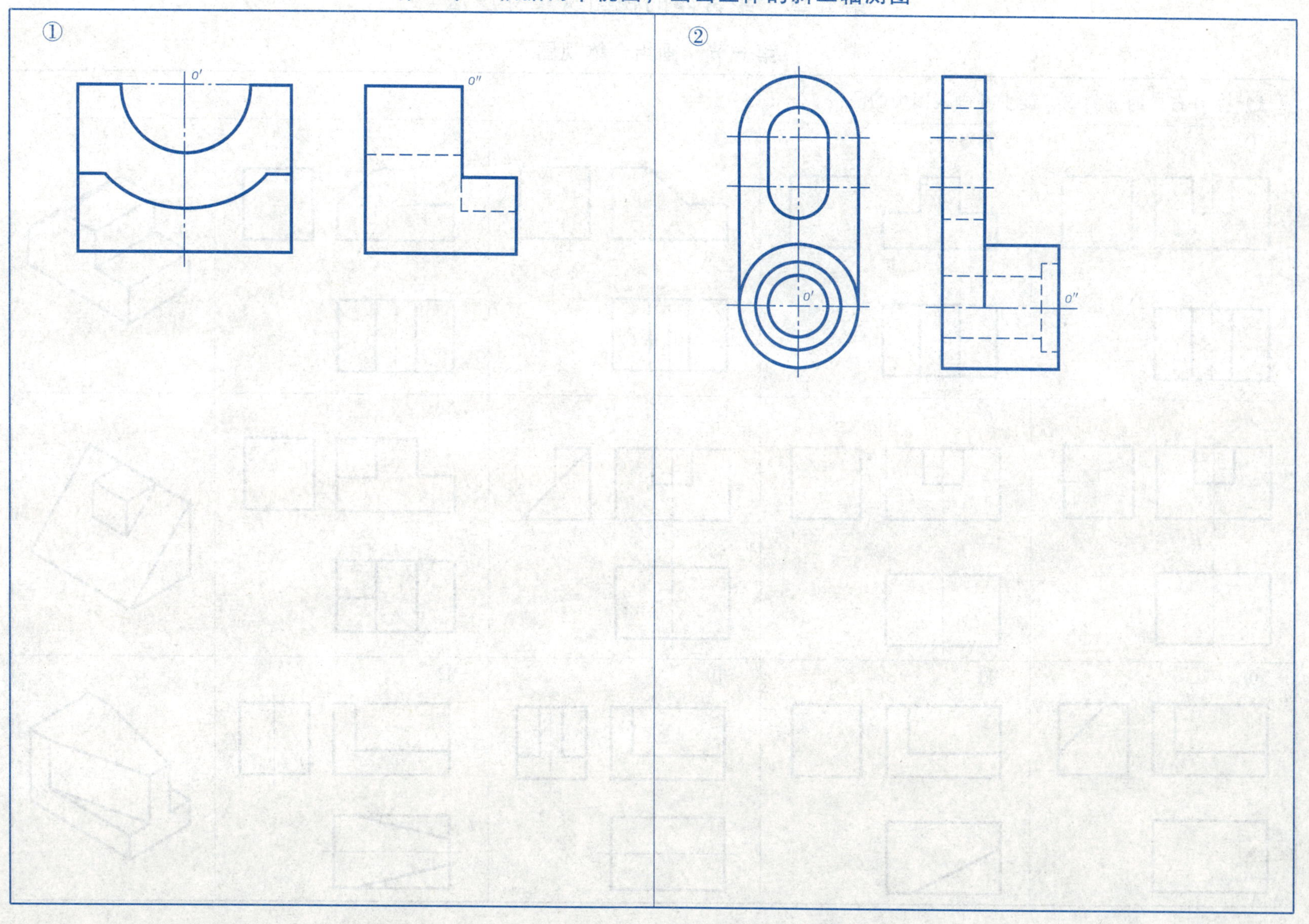

第五章　组合体的视图及尺寸注法

第一节　画组合体视图

1）参看右栏的轴测图，徒手补画视图中的漏线。

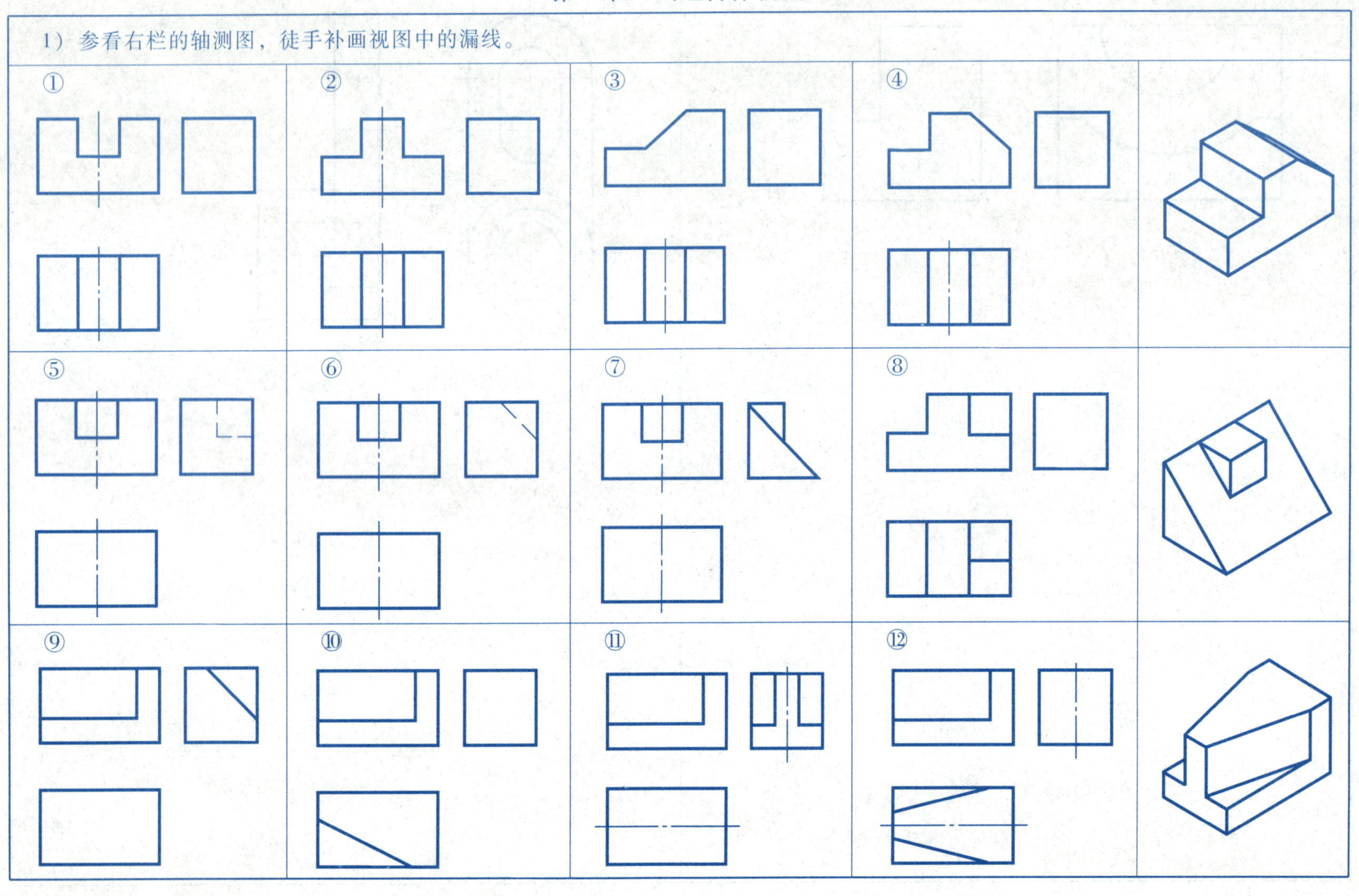

　　班　级＿＿＿＿＿＿　姓　名＿＿＿＿＿＿　学　号＿＿＿＿＿＿

2）补画组合体视图中所缺的视图及漏线。

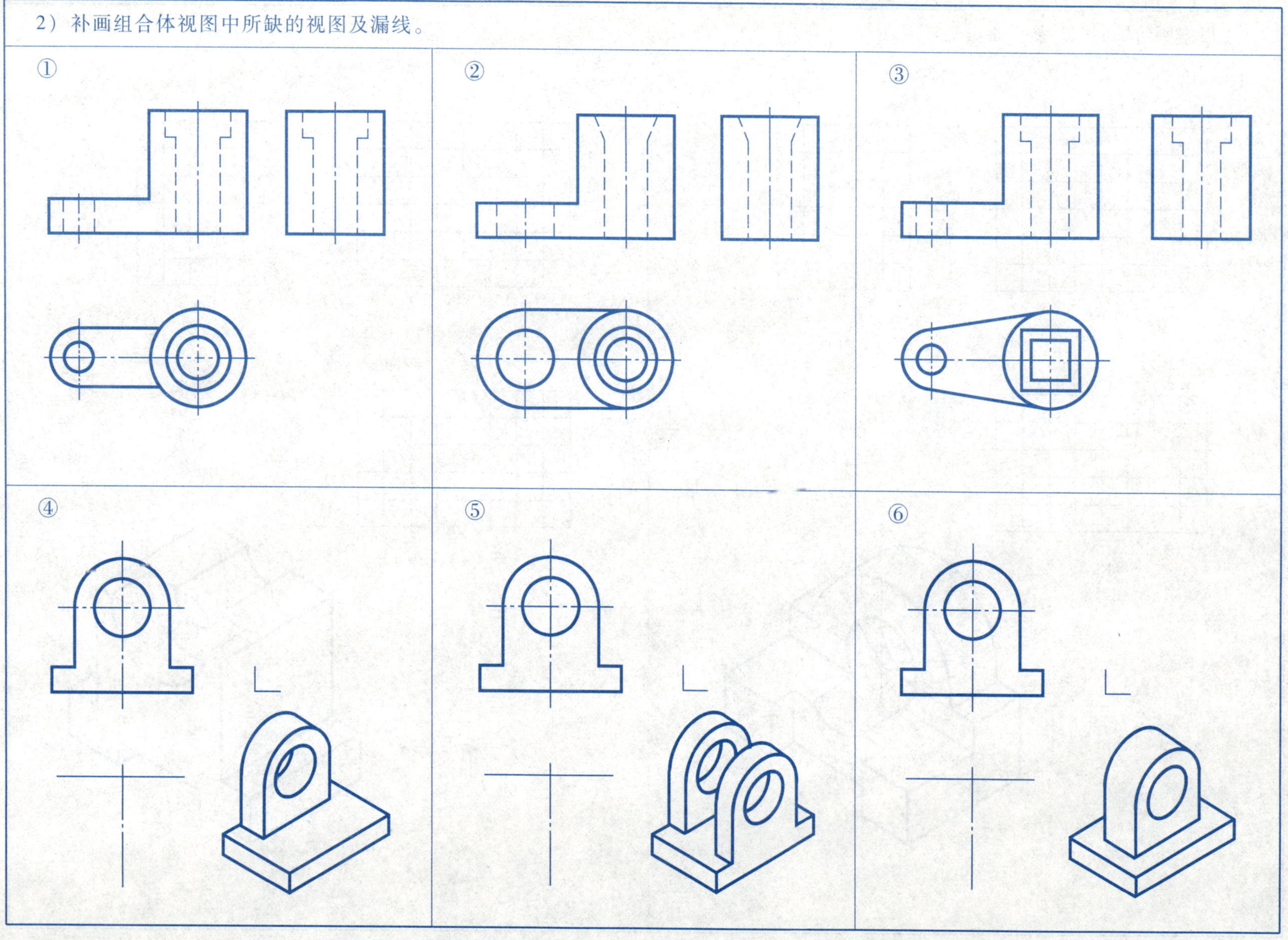

3）根据所给轴测图，徒手画出三视图。

①

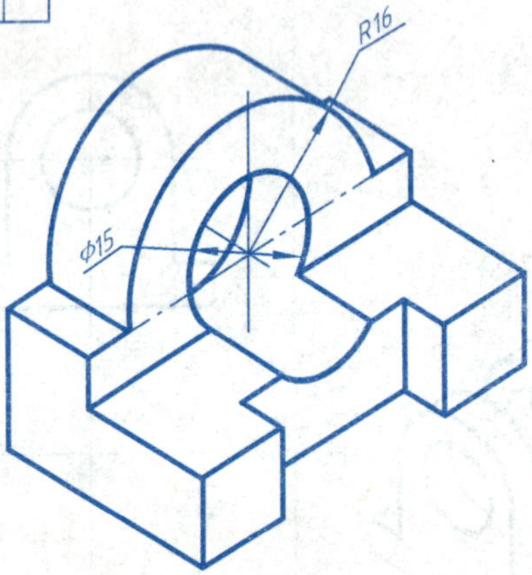

R16

Φ15

②

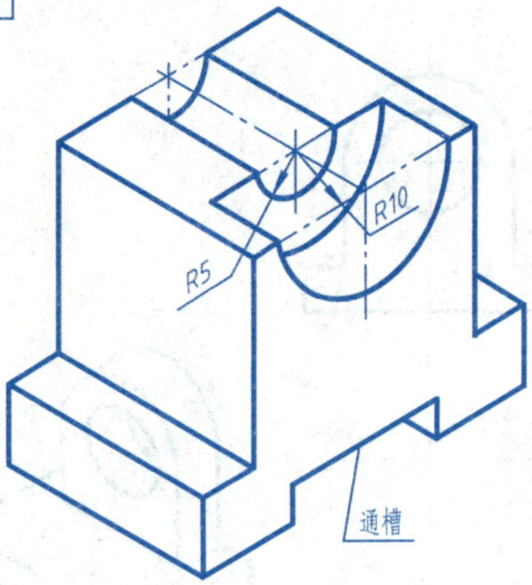

R10

R5

通槽

班 级________ 姓 名________ 学 号________

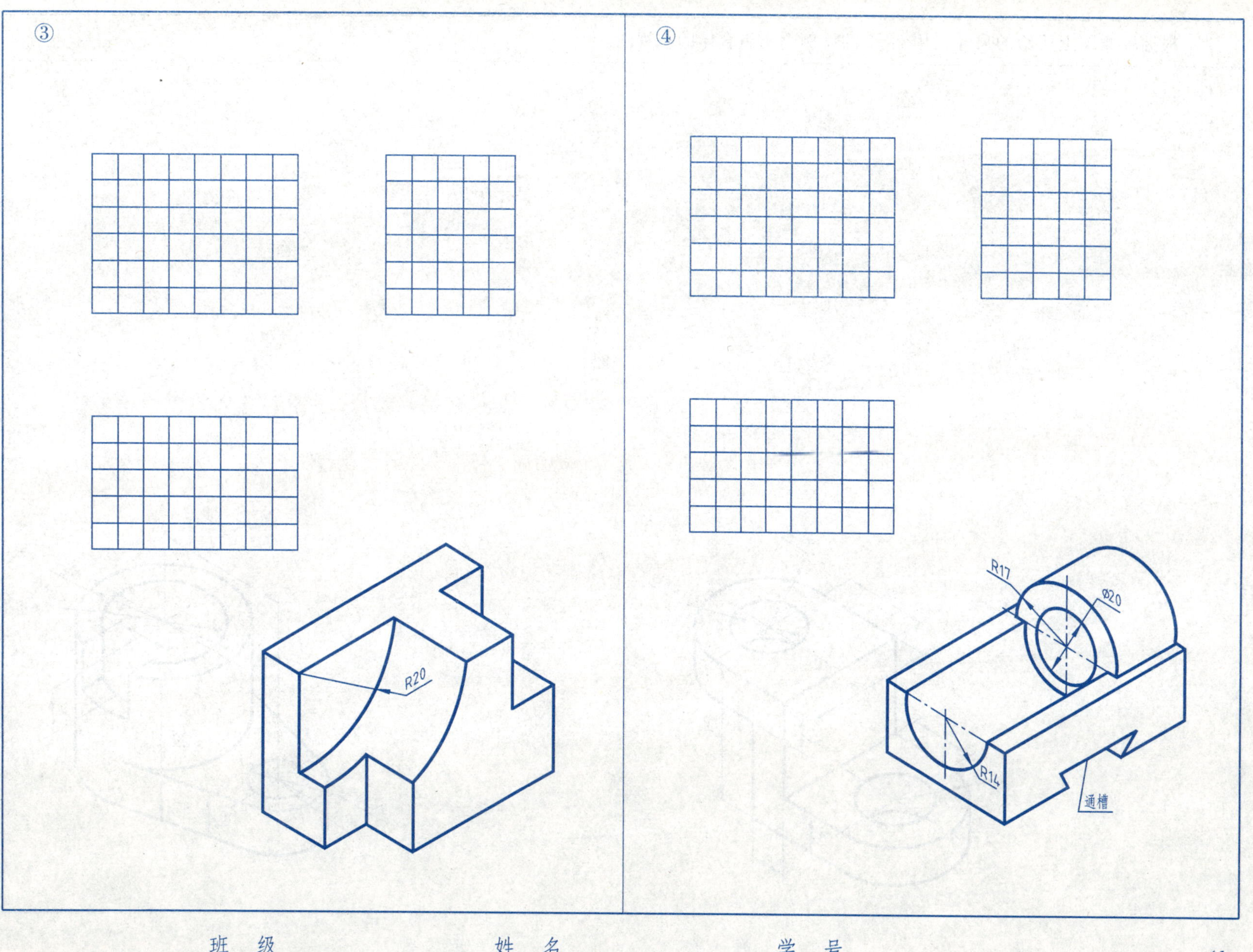

班　级________　姓　名________　学　号________

4）根据轴测图上所给的尺寸，用1：1的比例画出组合体的三视图。

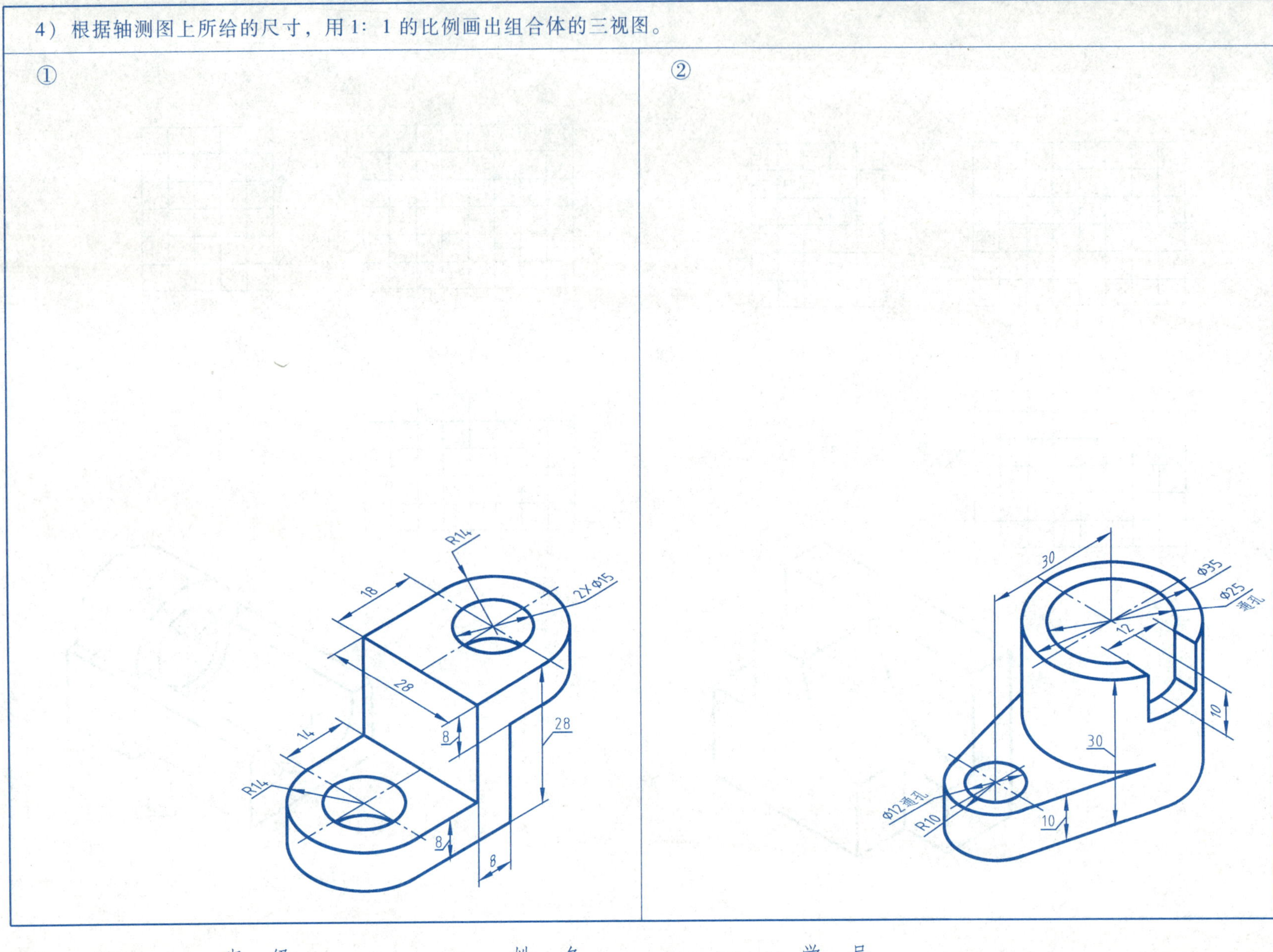

③
R13
Ø14通孔
12
12
9
22
13
8
23
30
60
32
④
R12
Ø14
22
16
16
Ø14
通孔
12
6
6
Ø22
20通槽
30
40
60

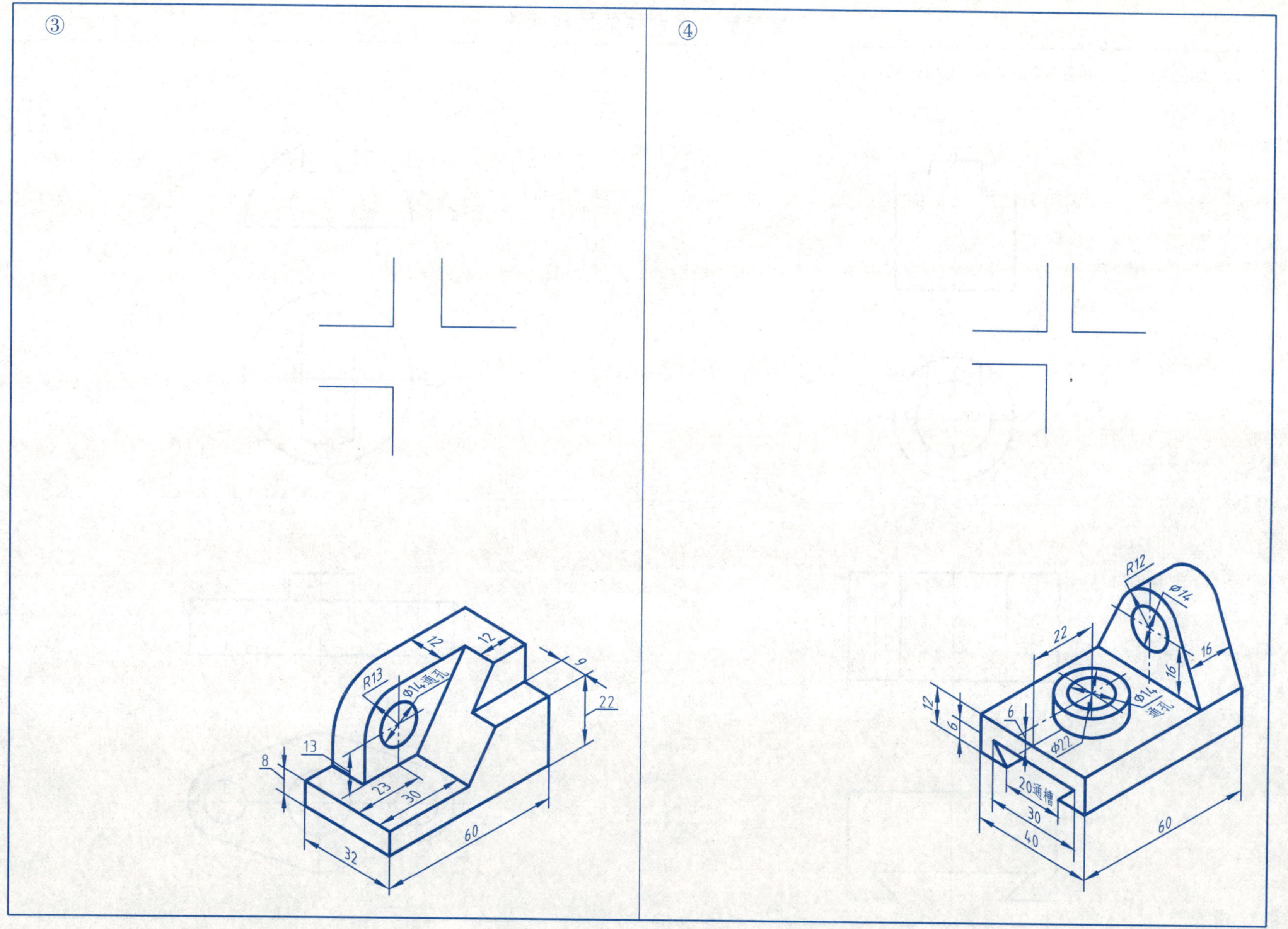

班　级________________　姓　名________________　学　号________________

1）（从视图上量度后取整）标注组合体尺寸。

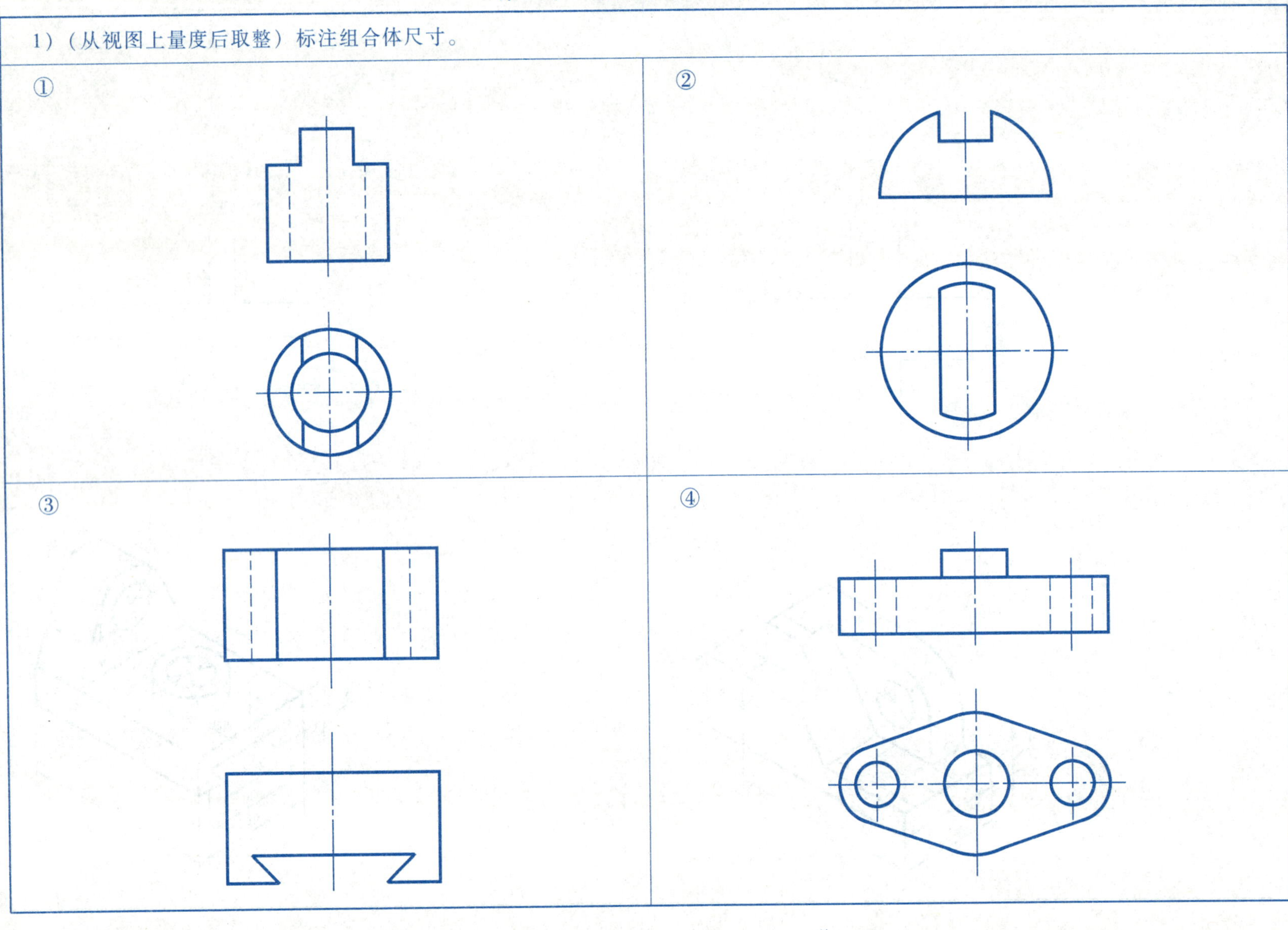

班　级＿＿＿＿＿＿＿　姓　名＿＿＿＿＿＿＿　学　号＿＿＿＿＿＿＿

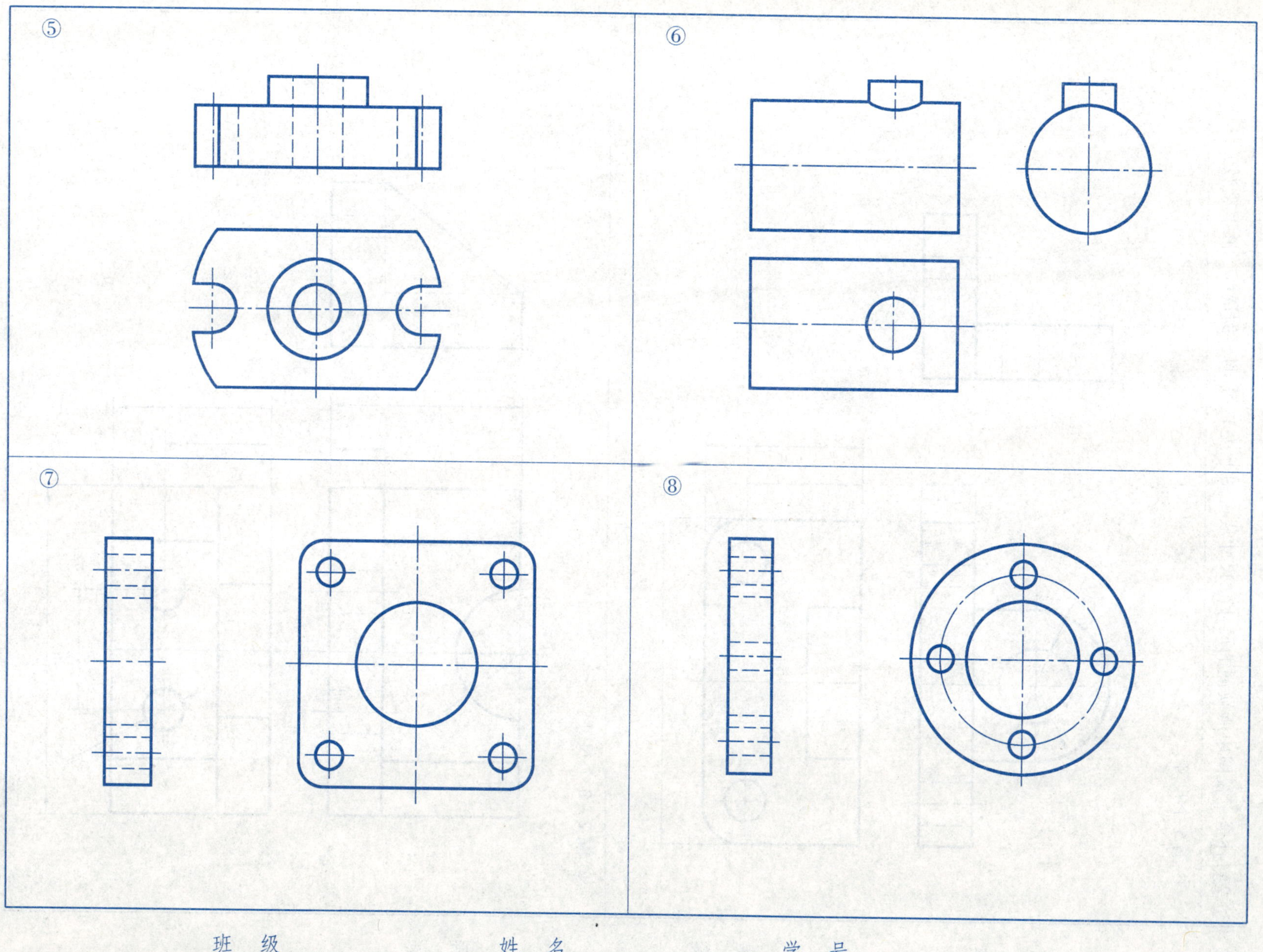

班 级________ 姓 名________ 学 号________

2）补全三视图中所缺漏的尺寸（尺寸从视图上按 1：1 的比例量取，并取整数）。

① 漏 5 个尺寸。

② 漏 2～3 个尺寸。

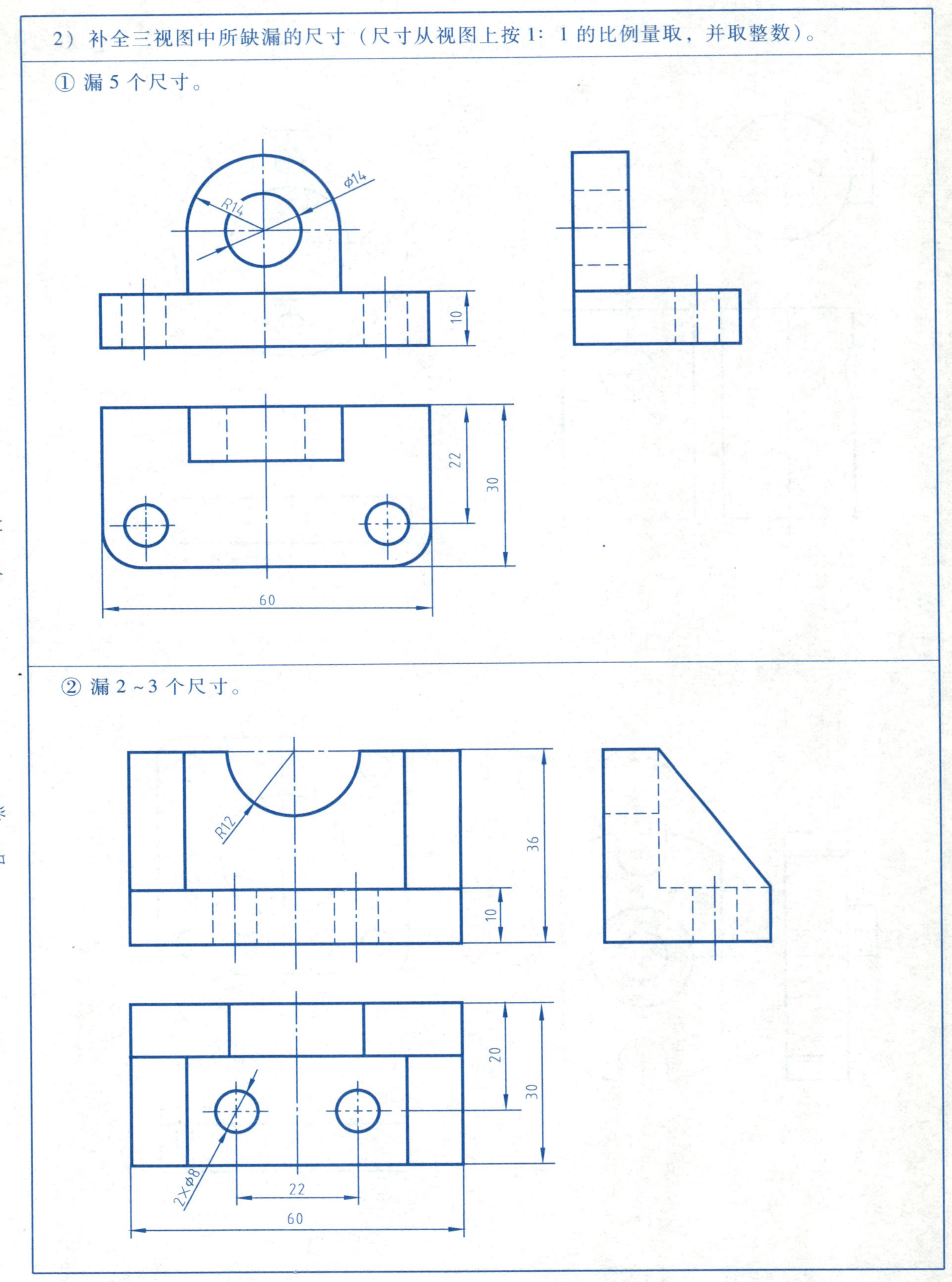

班　级＿＿＿＿＿＿＿＿　姓　名＿＿＿＿＿＿＿＿　学　号＿＿＿＿＿＿＿＿

③ 漏5个尺寸。

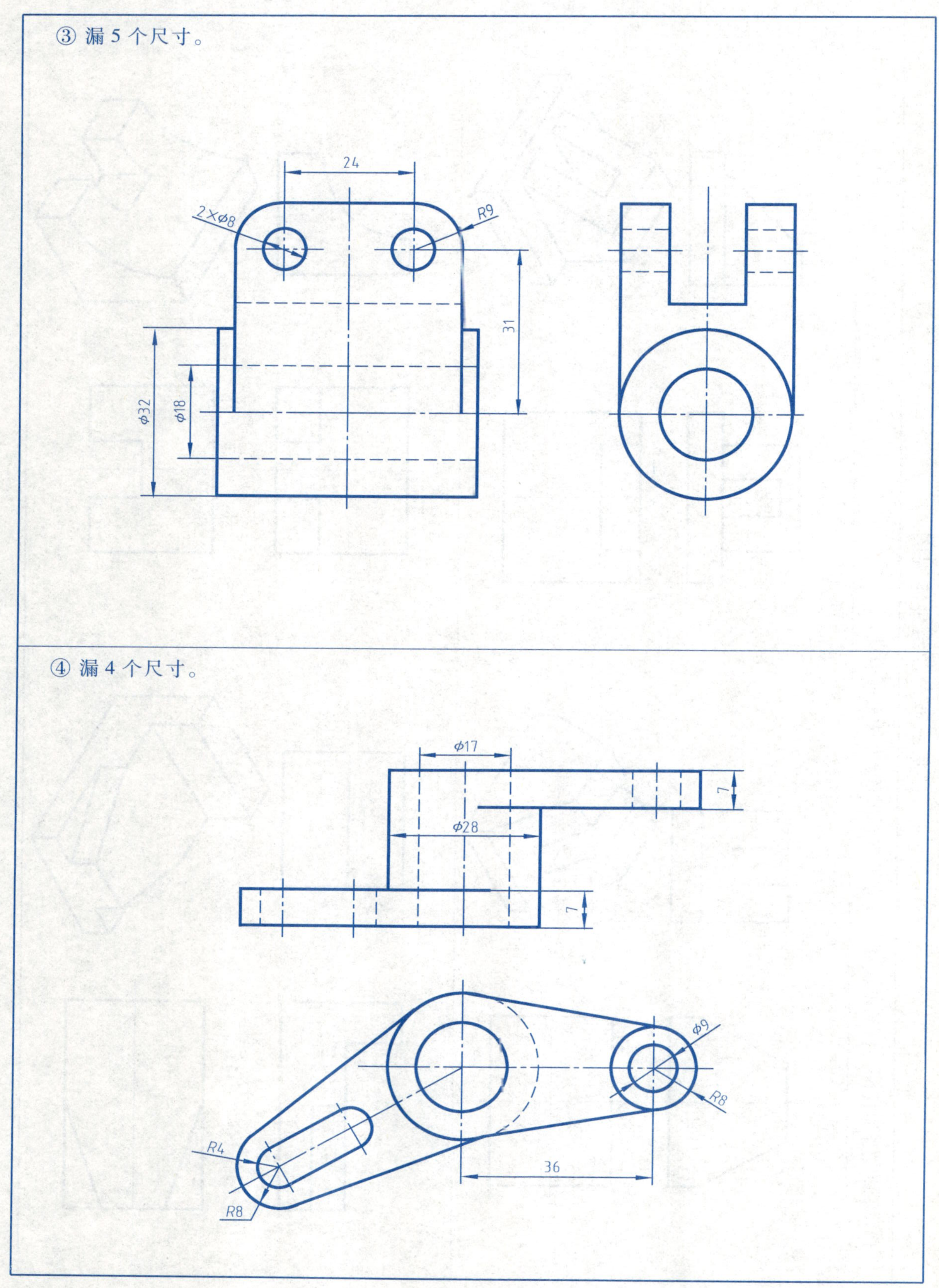

④ 漏4个尺寸。

班　级________________　姓　名________________　学　号________________

第三节 读组合体视图

1）补画组合体视图中所缺的漏线，并在图中指出 *A*、*P* 两平面的投影。

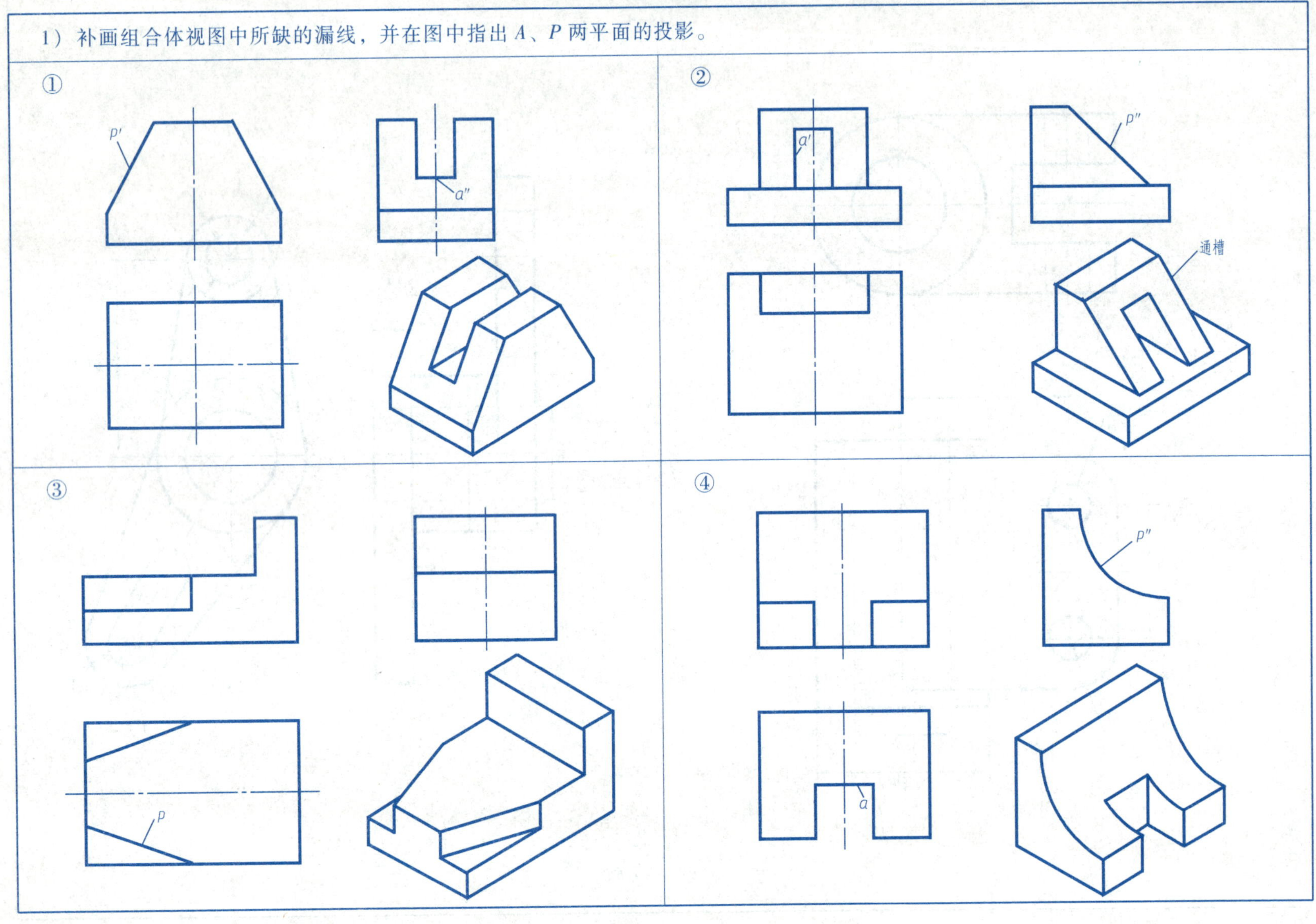

班 级________________ 姓 名________________ 学 号________________

2）根据已知二视图补画第三视图（画好后，对图 a、b 加以比较）。

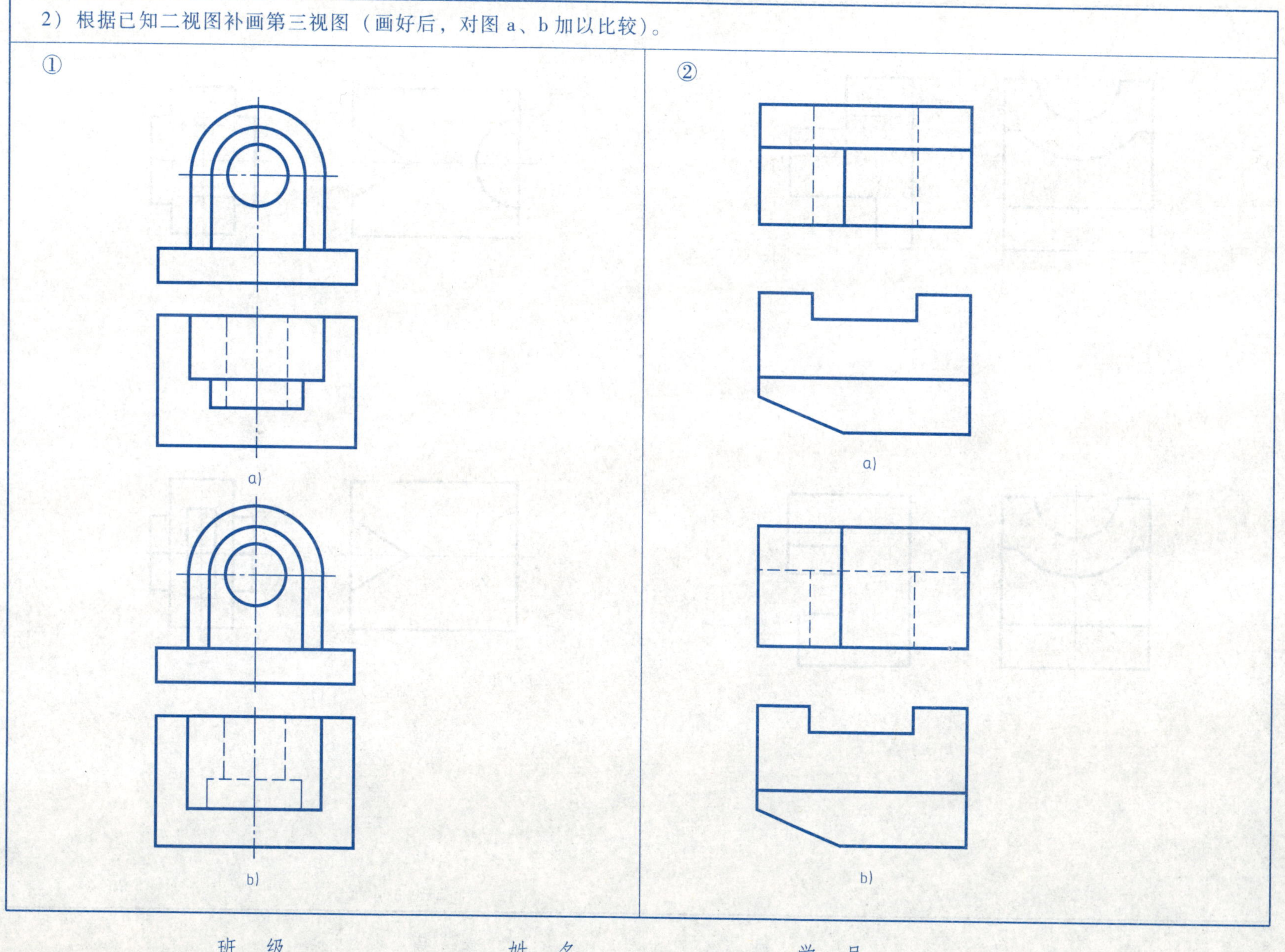

班　级＿＿＿＿＿＿＿　姓　名＿＿＿＿＿＿＿　学　号＿＿＿＿＿＿＿

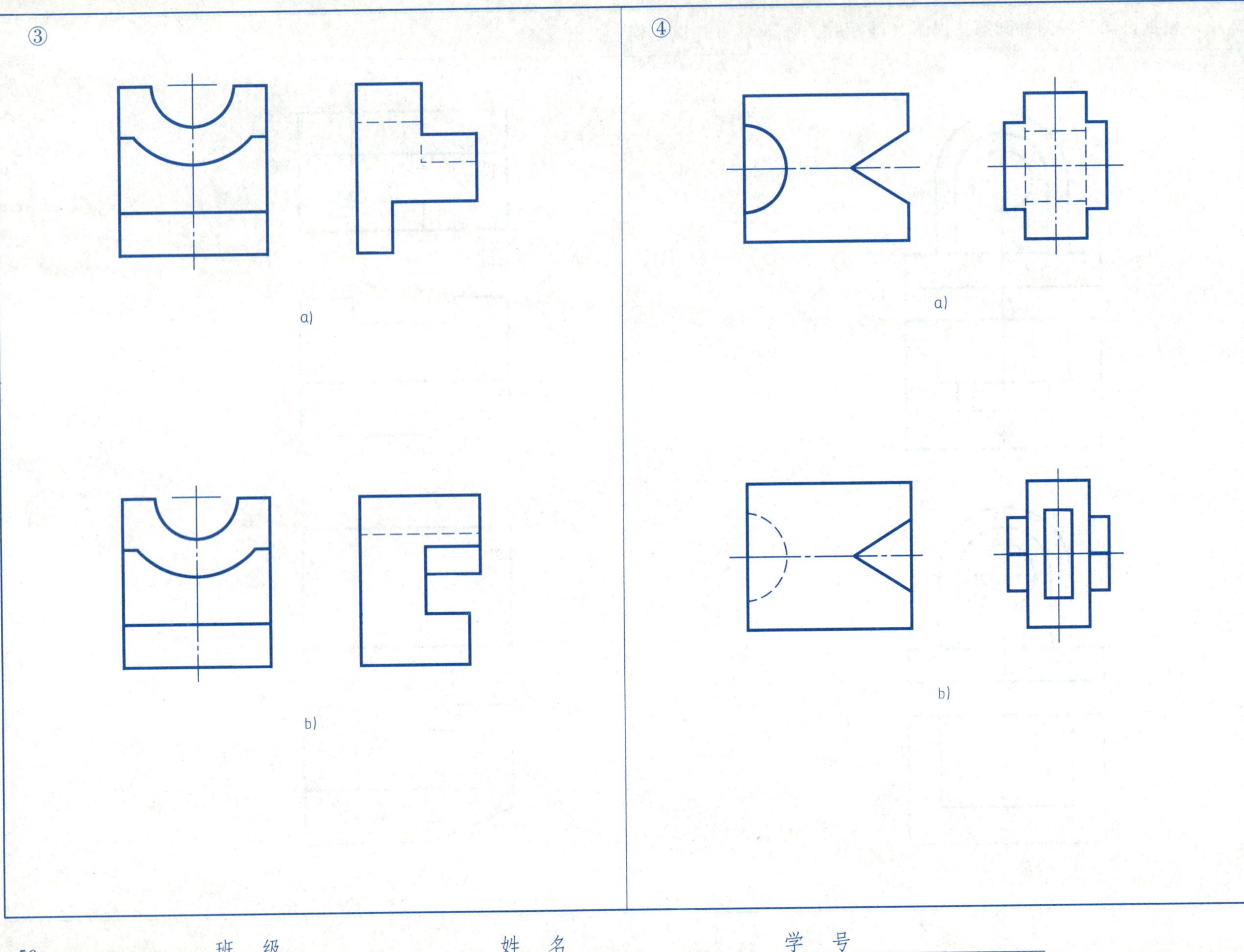

班 级__________ 姓 名__________ 学 号__________

3）分析视图，补全所缺的漏线。

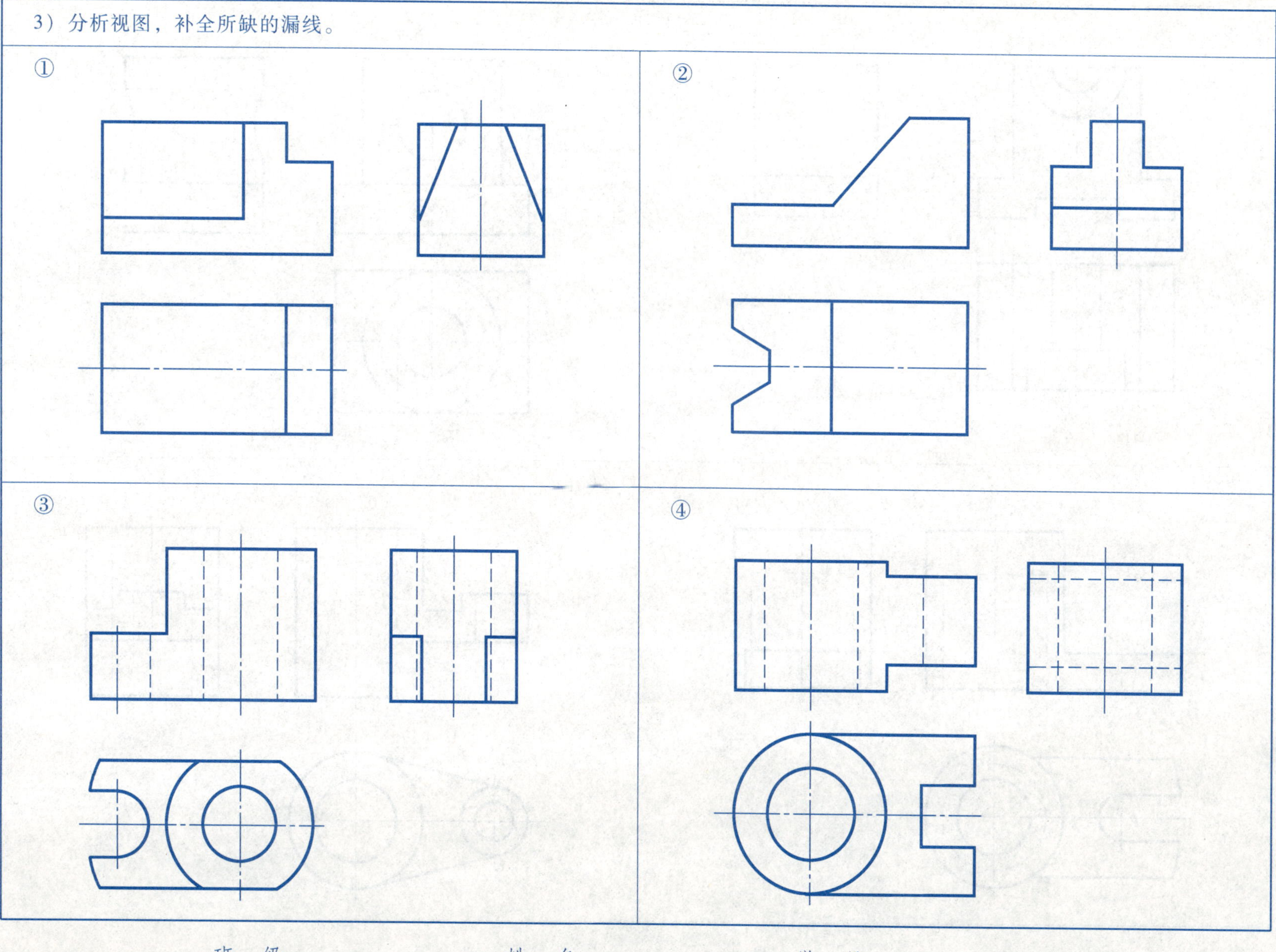

班　级＿＿＿＿＿＿＿＿　姓　名＿＿＿＿＿＿＿＿　学　号＿＿＿＿＿＿＿＿

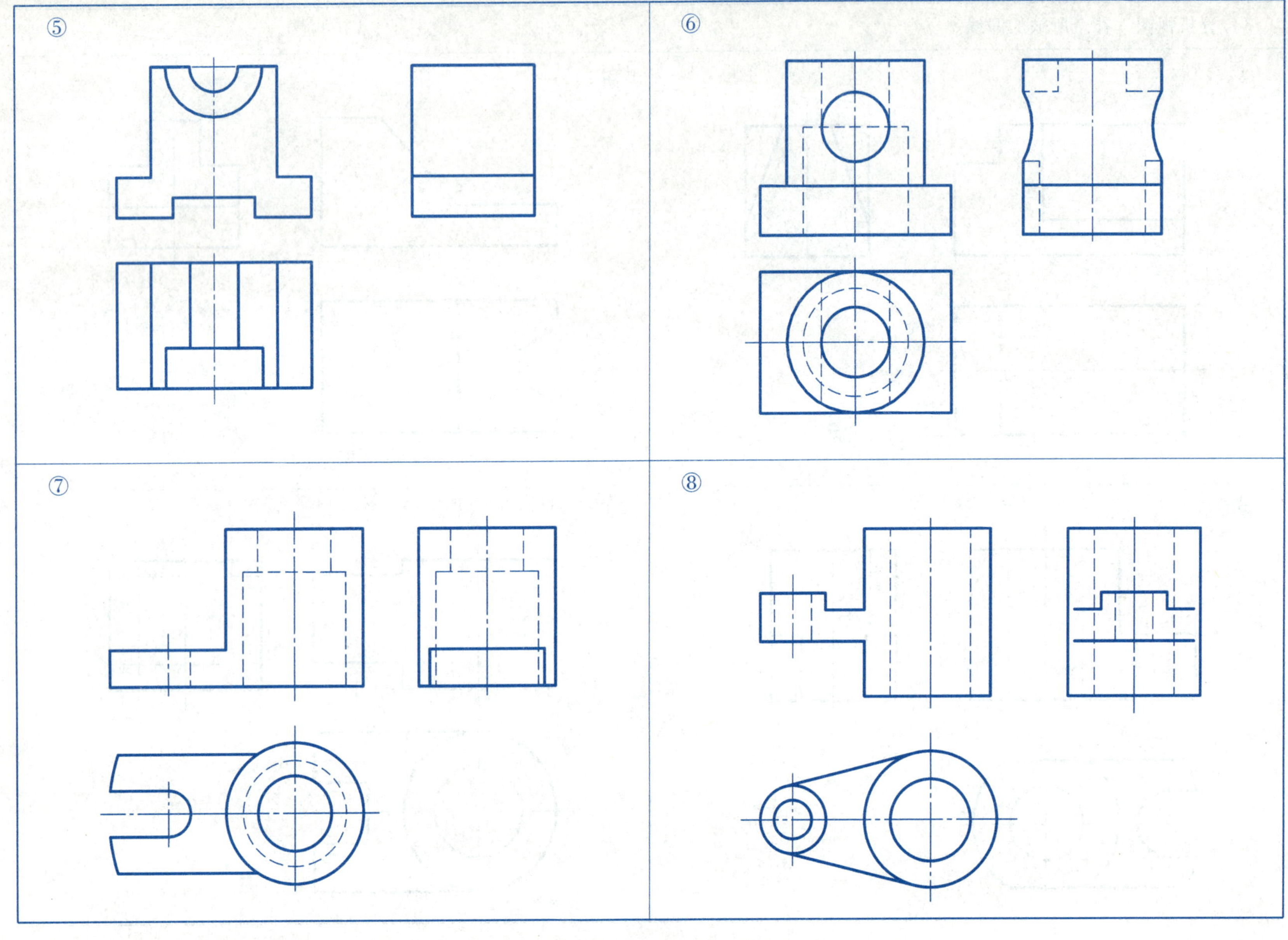

班　级________ 姓　名________ 学　号________

4）根据已知的二视图，补画出第三视图。

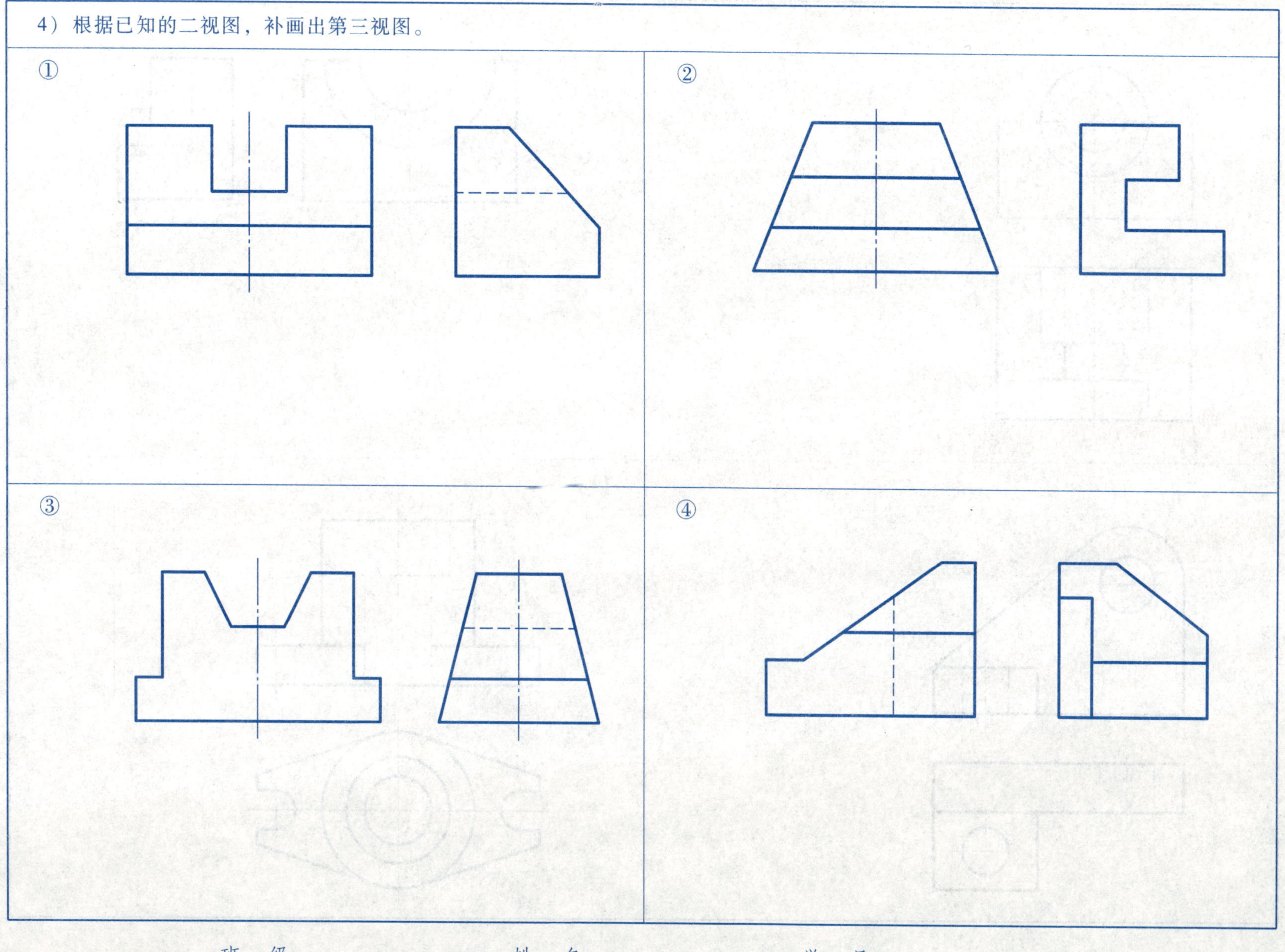

班　级＿＿＿＿＿＿＿＿　姓　名＿＿＿＿＿＿＿＿　学　号＿＿＿＿＿＿＿＿

班 级________ 姓 名________ 学 号________

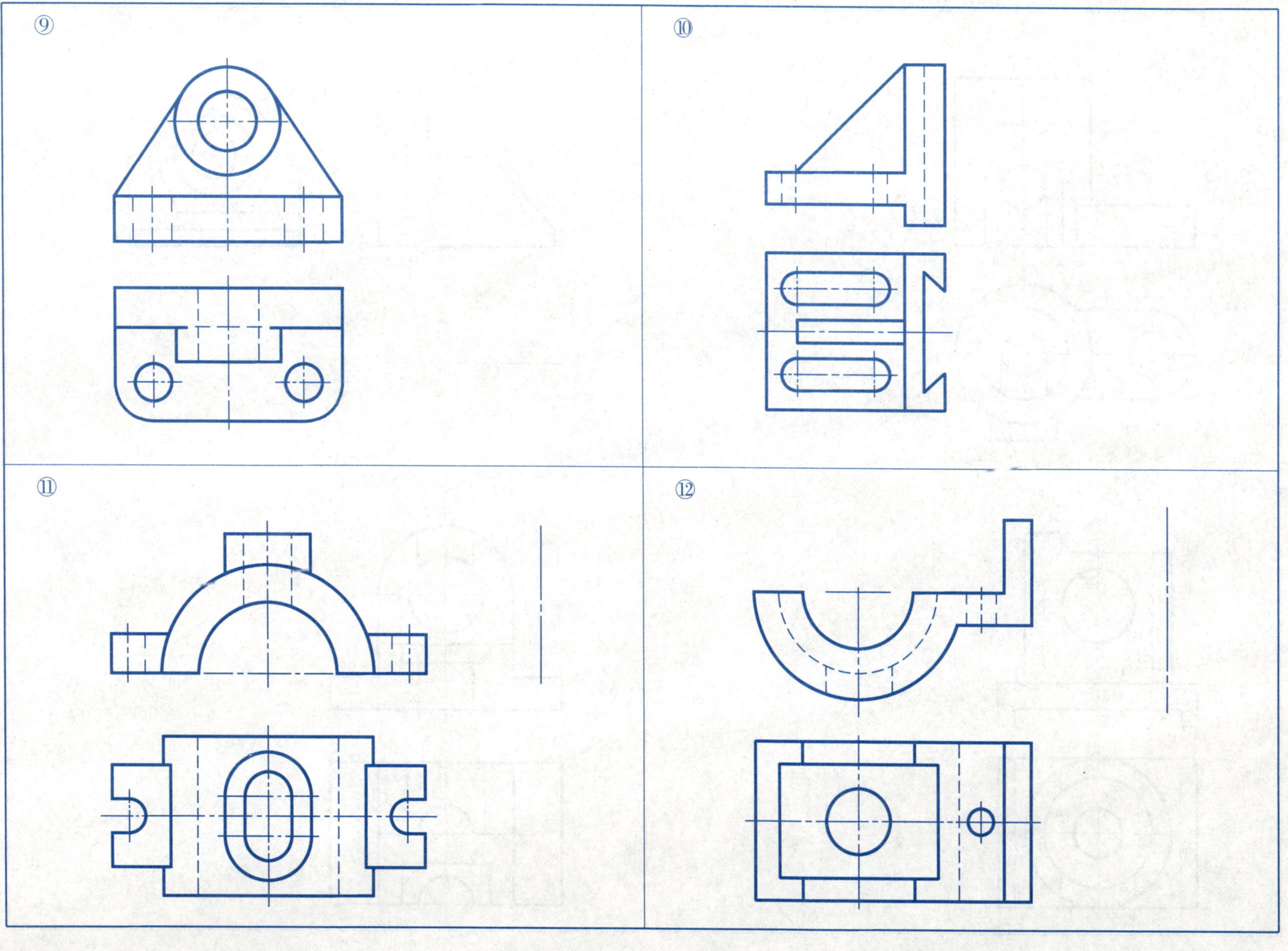

班　级________　姓　名________　学　号________

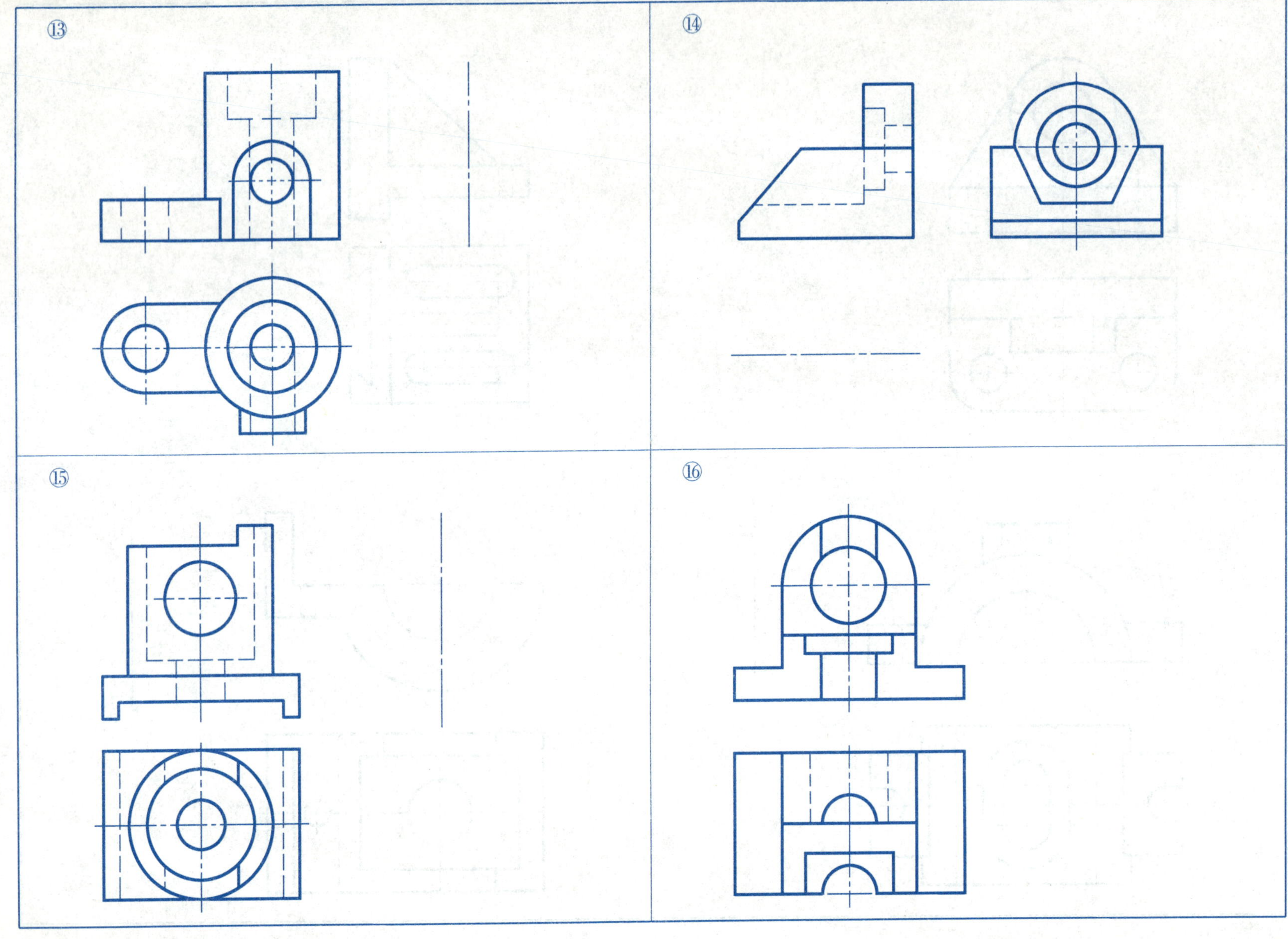

班　级________　姓　名________　学　号________

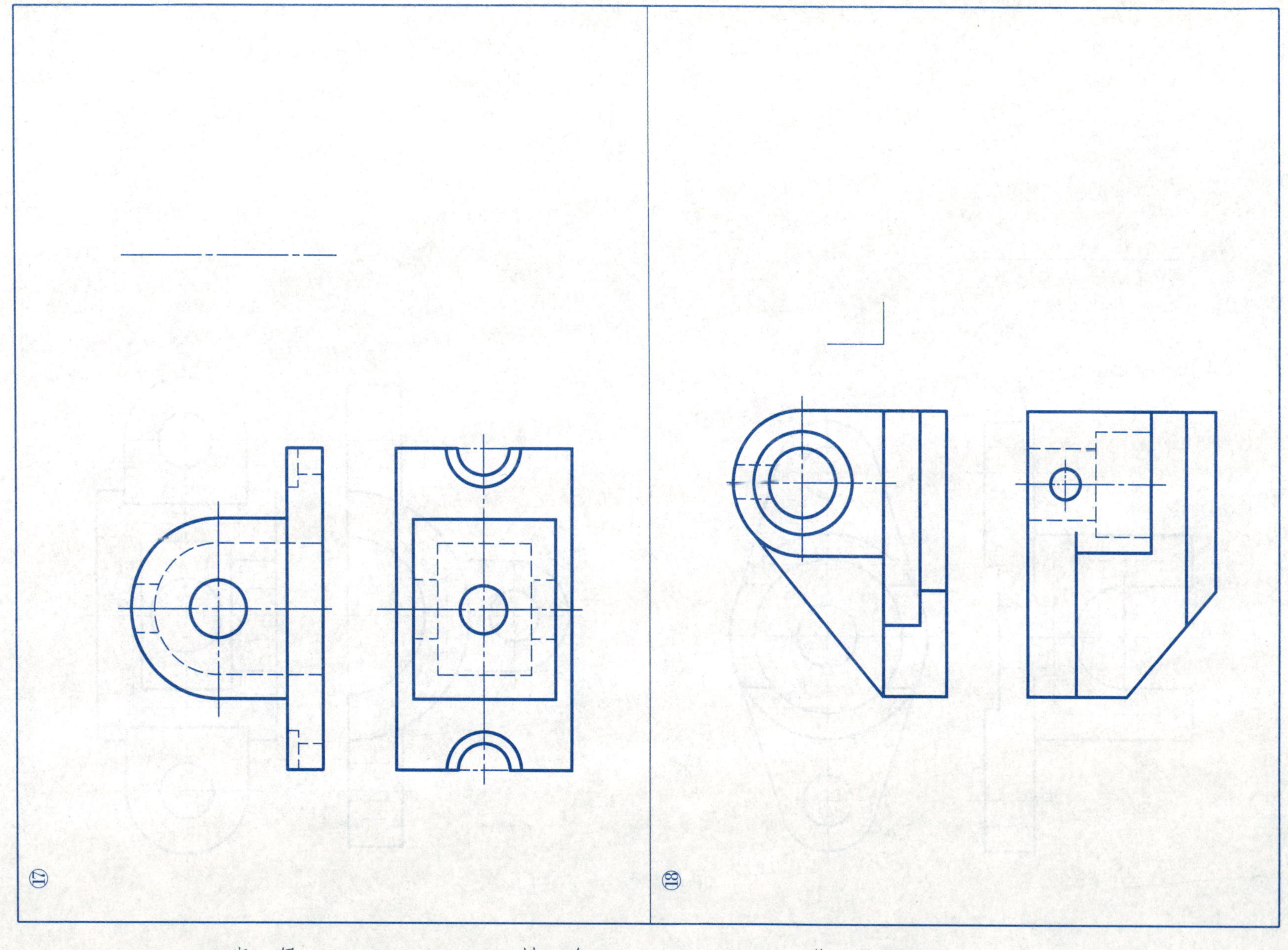

班　级________　姓　名________　学　号________

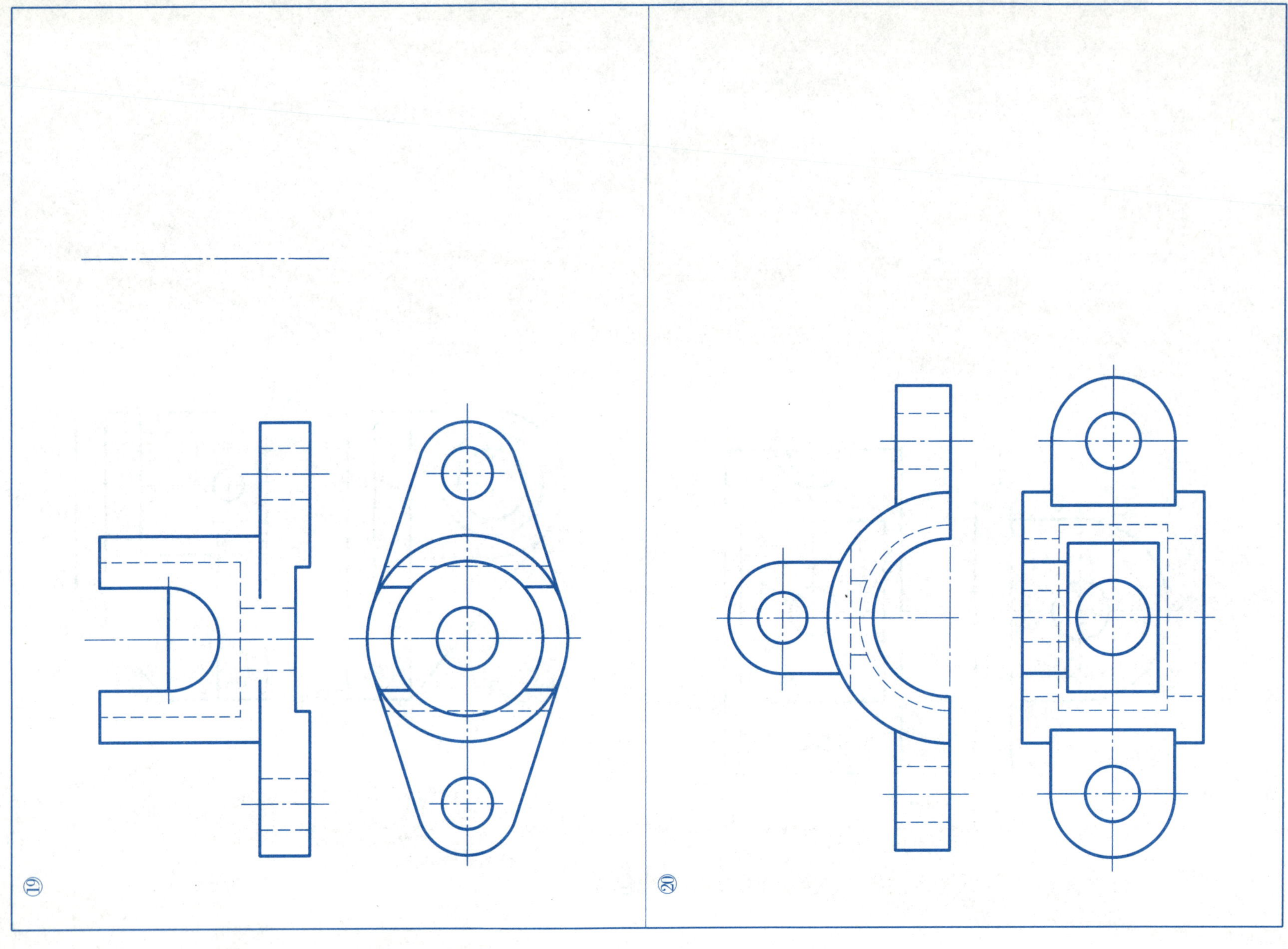

班　级＿＿＿＿＿＿＿＿　姓　名＿＿＿＿＿＿＿＿　学　号＿＿＿＿＿＿＿＿

一、内容

根据所给的轴测图，绘制组合体三视图，并标注尺寸。在所给的三个轴测图中任选其一。

二、要求

1）主视图选择合理，视图表达完整正确。

2）尺寸标注正确、完整、清晰。

三、目的

1）熟悉组合体的画图方法和步骤。

2）熟悉组合体的尺寸标注方法。

四、绘图步骤与注意事项

1）对组合体进行形体分析。

2）选择主视图（按其自然位置安放，选反映形体的主要形状特征和位置特征的方向作为主视图的投射方向）。

3）选择比例，确定图幅。

4）根据轴测图所给的尺寸，布置三视图的位置（注意三个视图之间要留出标注尺寸的位置），画出图形定位线（对称中心线，底面和端面的位置线）。

5）逐步画出组合体各部分的三视图。

6）仔细检查，修正错误，擦掉多余线条，按线型要求加深各图线。

7）按要求标注其尺寸。

8）线型、字体等应符合国家标准的要求。

①

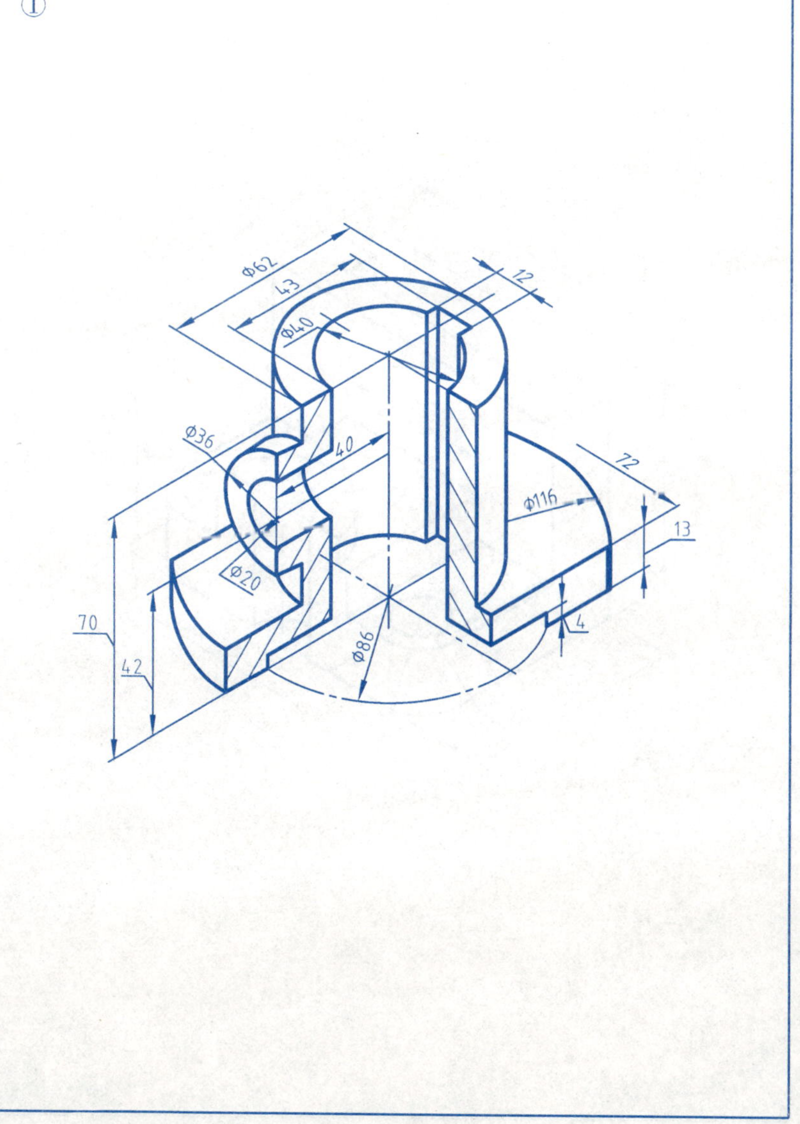

班　级＿＿＿＿＿＿＿＿　姓　名＿＿＿＿＿＿＿＿　学　号＿＿＿＿＿＿＿＿

②

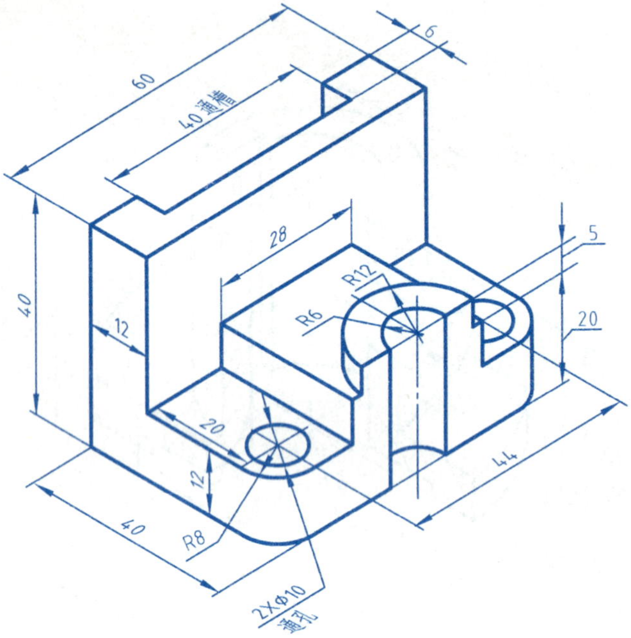

60
40通槽
6
28
5
R12
R6
20
40
12
20
12
44
40
R8
2XΦ10
通孔

③

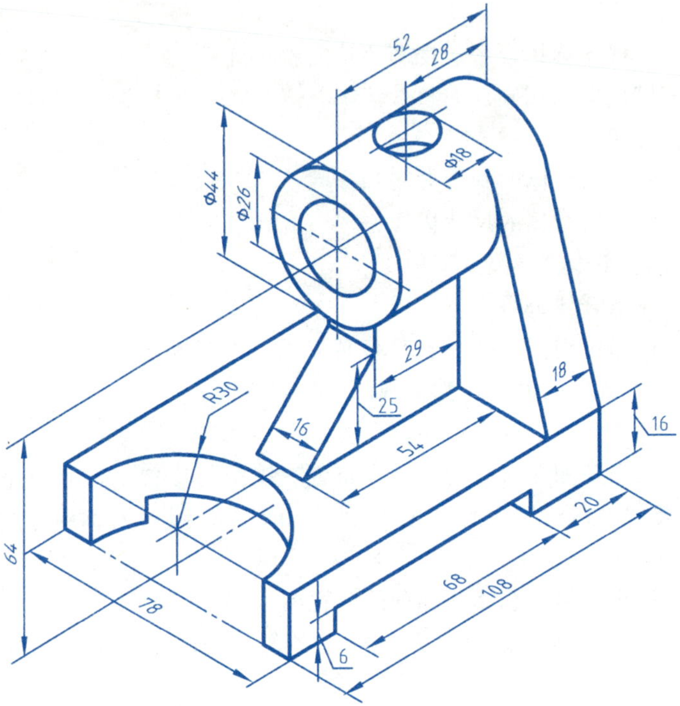

52
28
Φ18
Φ44
Φ26
29
18
R30
25
16
16
54
64
20
68
108
78
6

班 级________ 姓 名________ 学 号________

根据已知视图，构思不同形状的组合体，画出另外两个视图。

①

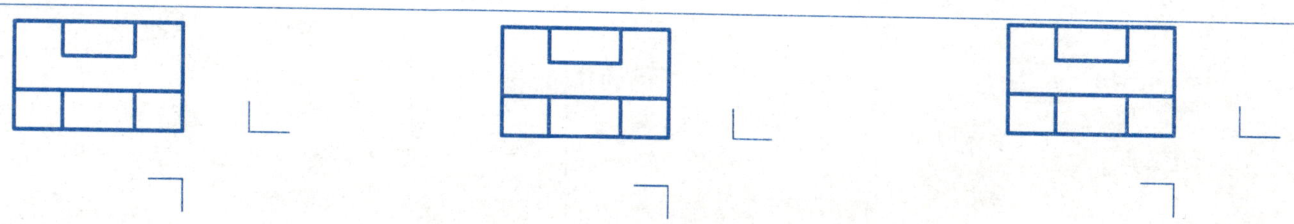

②

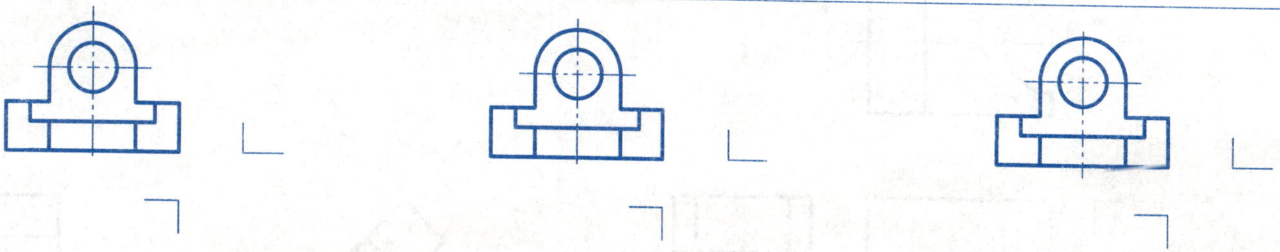

③

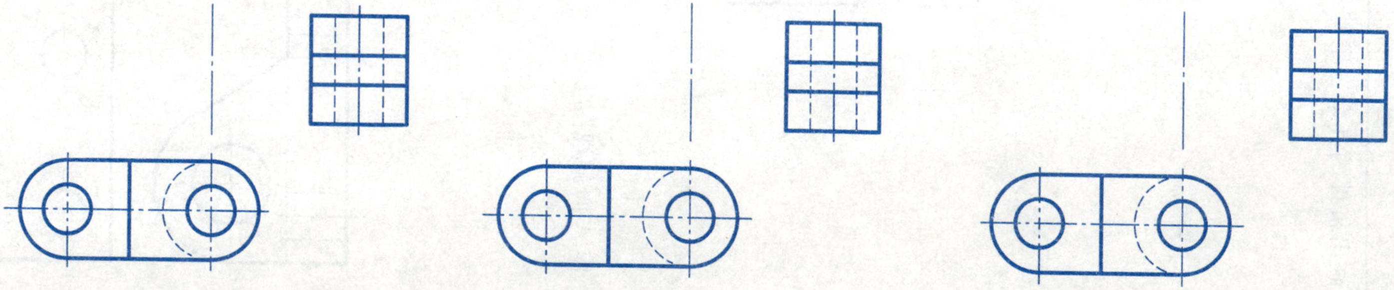

班　级________　姓　名________　学　号________

第六章　机件的常用图样画法

第一节　视图

1）画出机件的其余三个基本视图。

2）作 A 向斜视图。

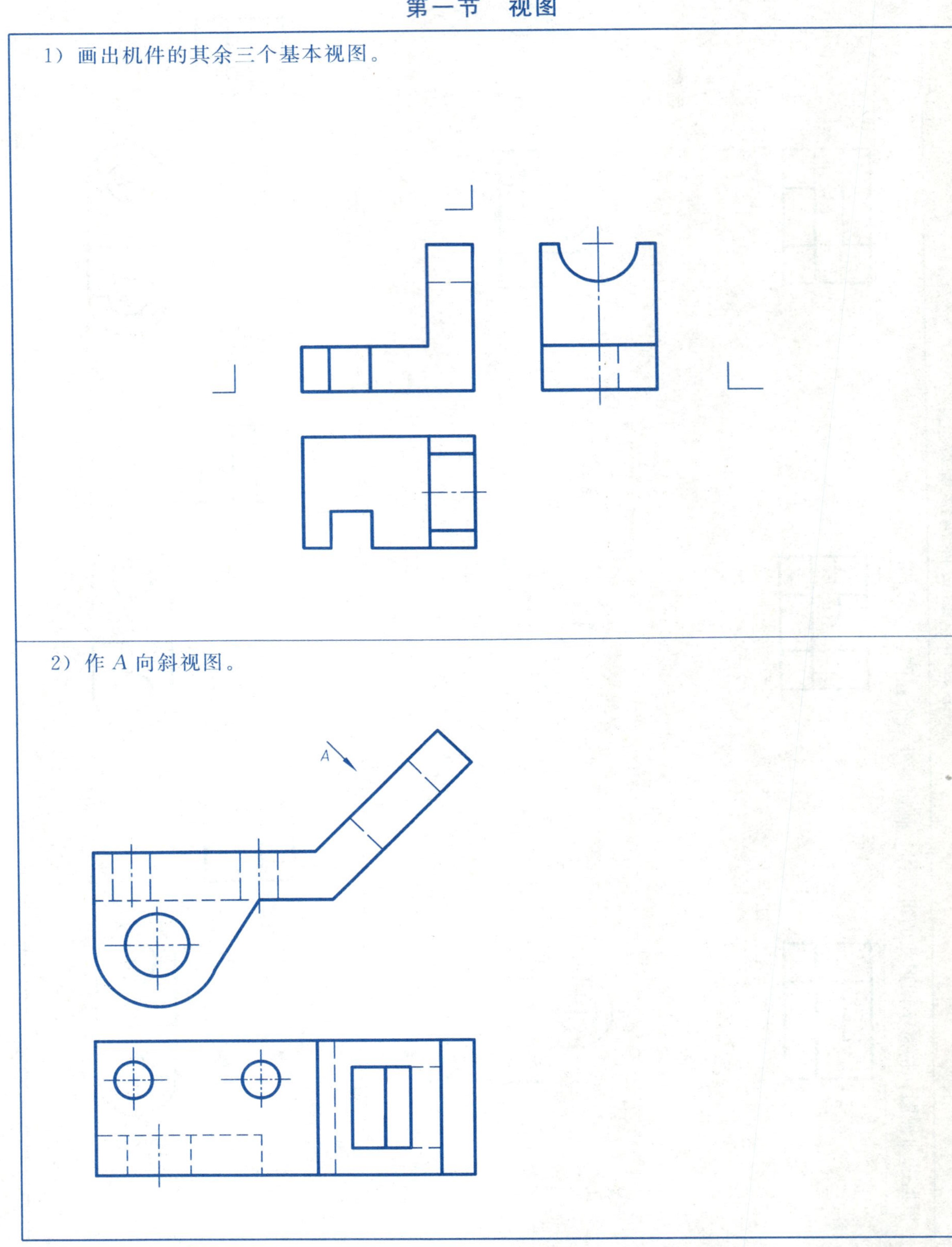

班　级__________　姓　名__________　学　号__________

3）根据立体图，作 A 向斜视图和 B 向局部视图。

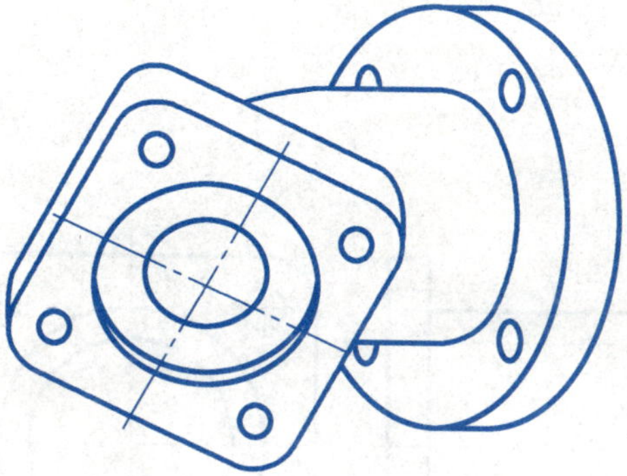

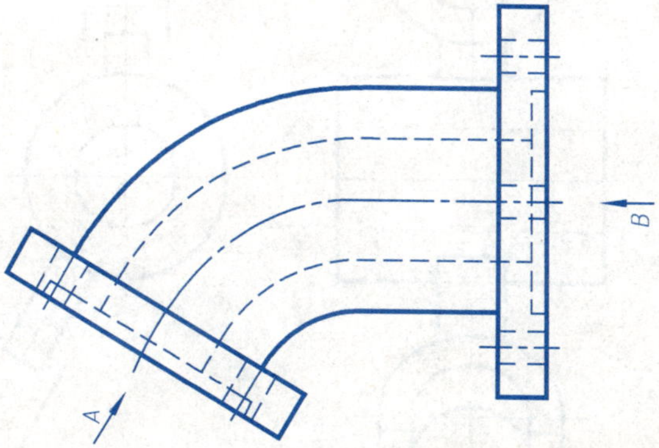

班　级＿＿＿＿＿＿＿＿　姓　名＿＿＿＿＿＿＿＿　学　号＿＿＿＿＿＿＿＿

4）作 A 向局部视图。

5）作 A 向斜视图。

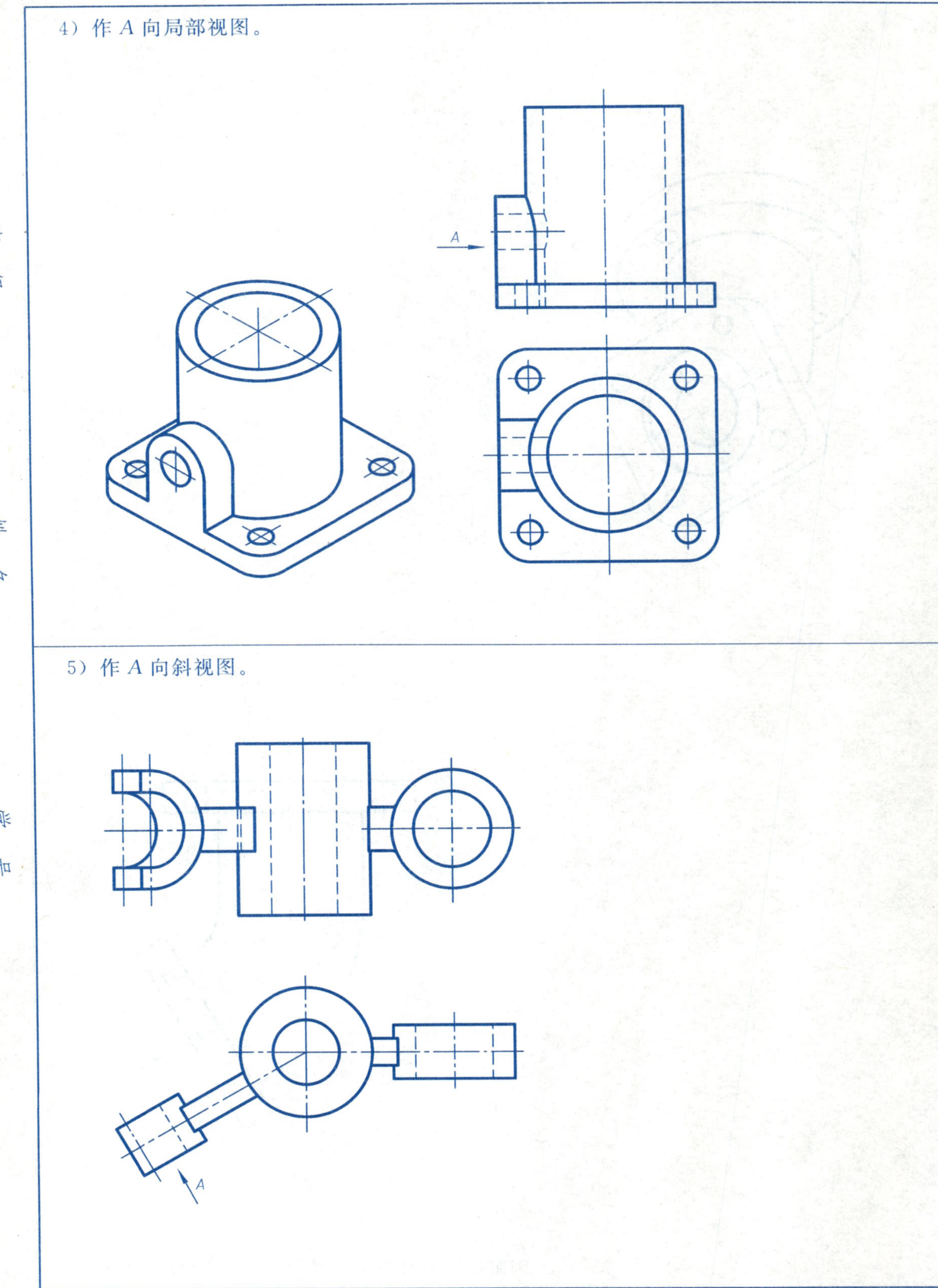

用第三角投影补画出机件的其余三个基本视图。

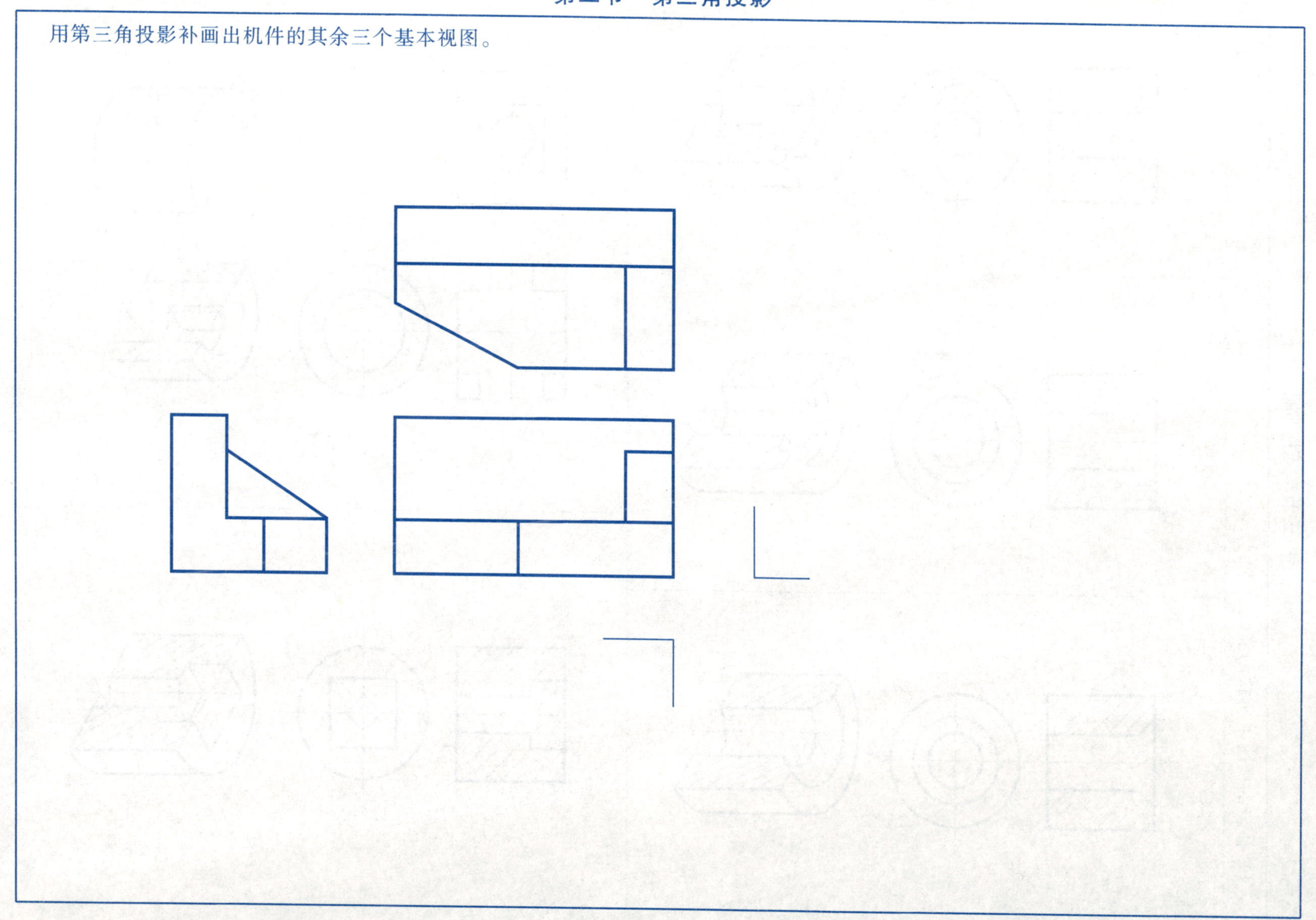

第三节 剖视图

1）补全剖视图中所缺的漏线。

班级__________ 姓名__________ 学号__________

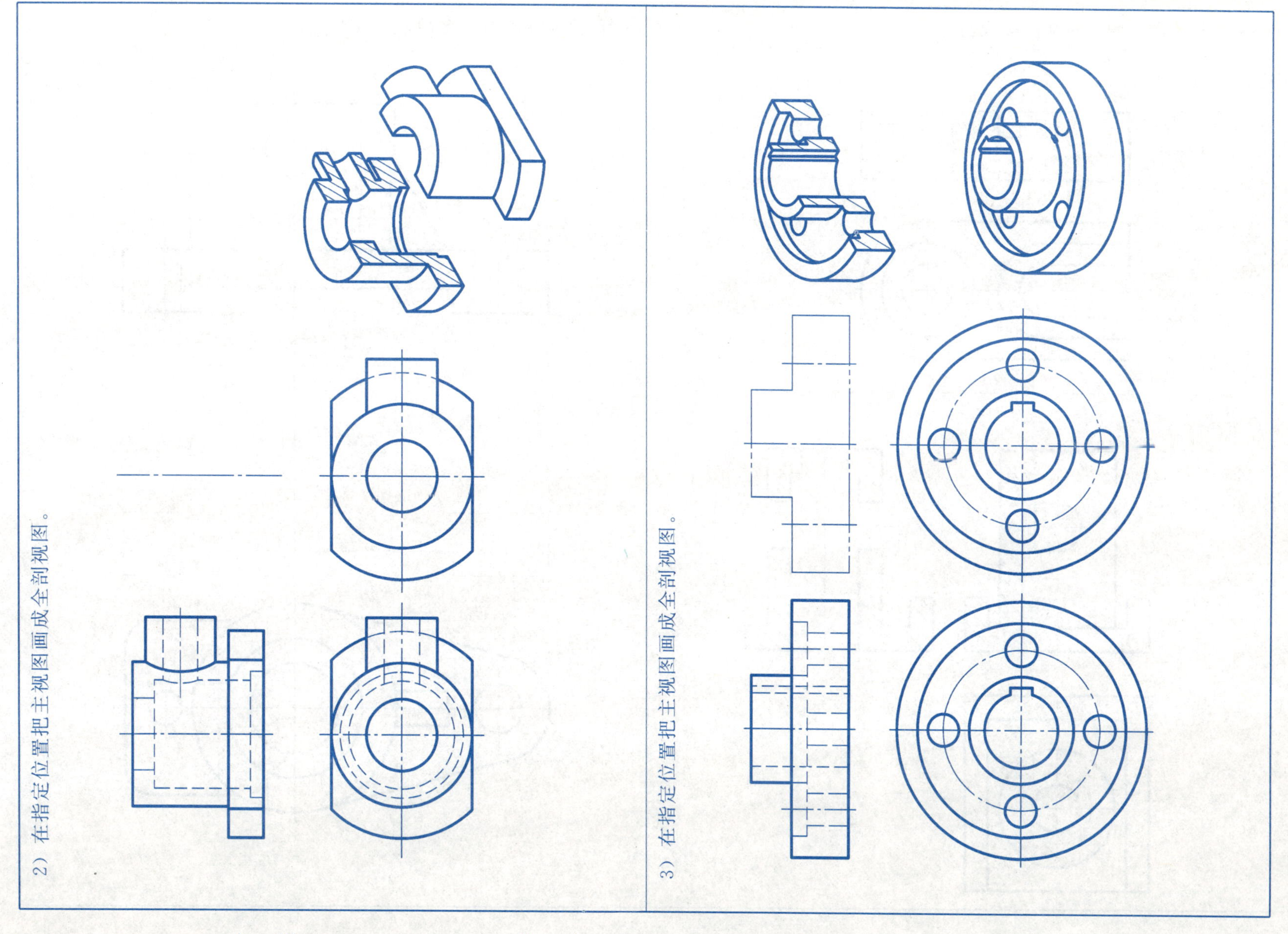
2）在指定位置把主视图画成全剖视图。
3）在指定位置把主视图画成全剖视图。

4）补全剖视图中所缺的漏线。

5）在指定位置作全剖的主视图。

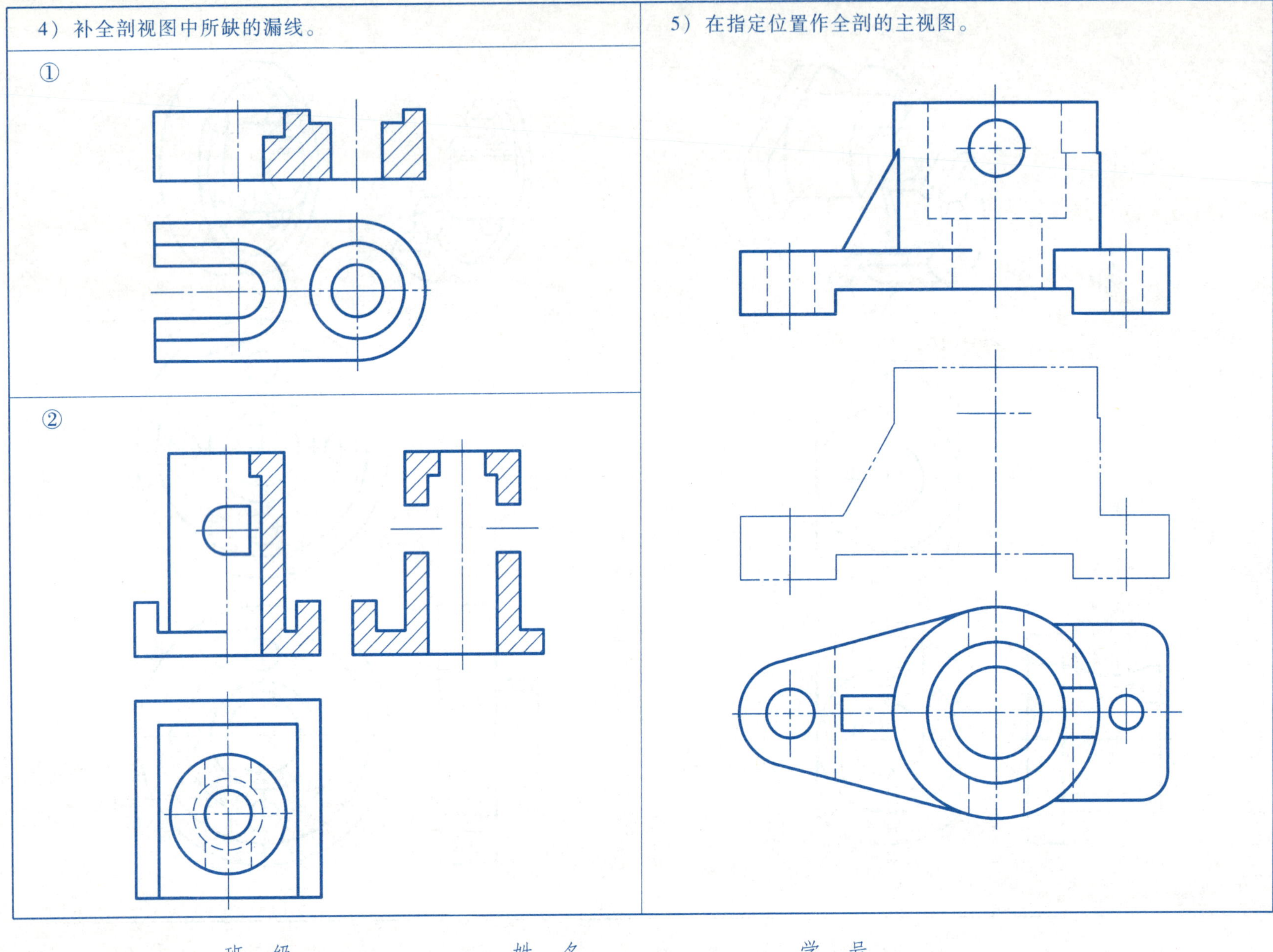

班　级________ 姓　名________ 学　号________

6）在指定位置作全剖的主视图。

7）在指定位置作全剖的主视图及半剖的左视图。

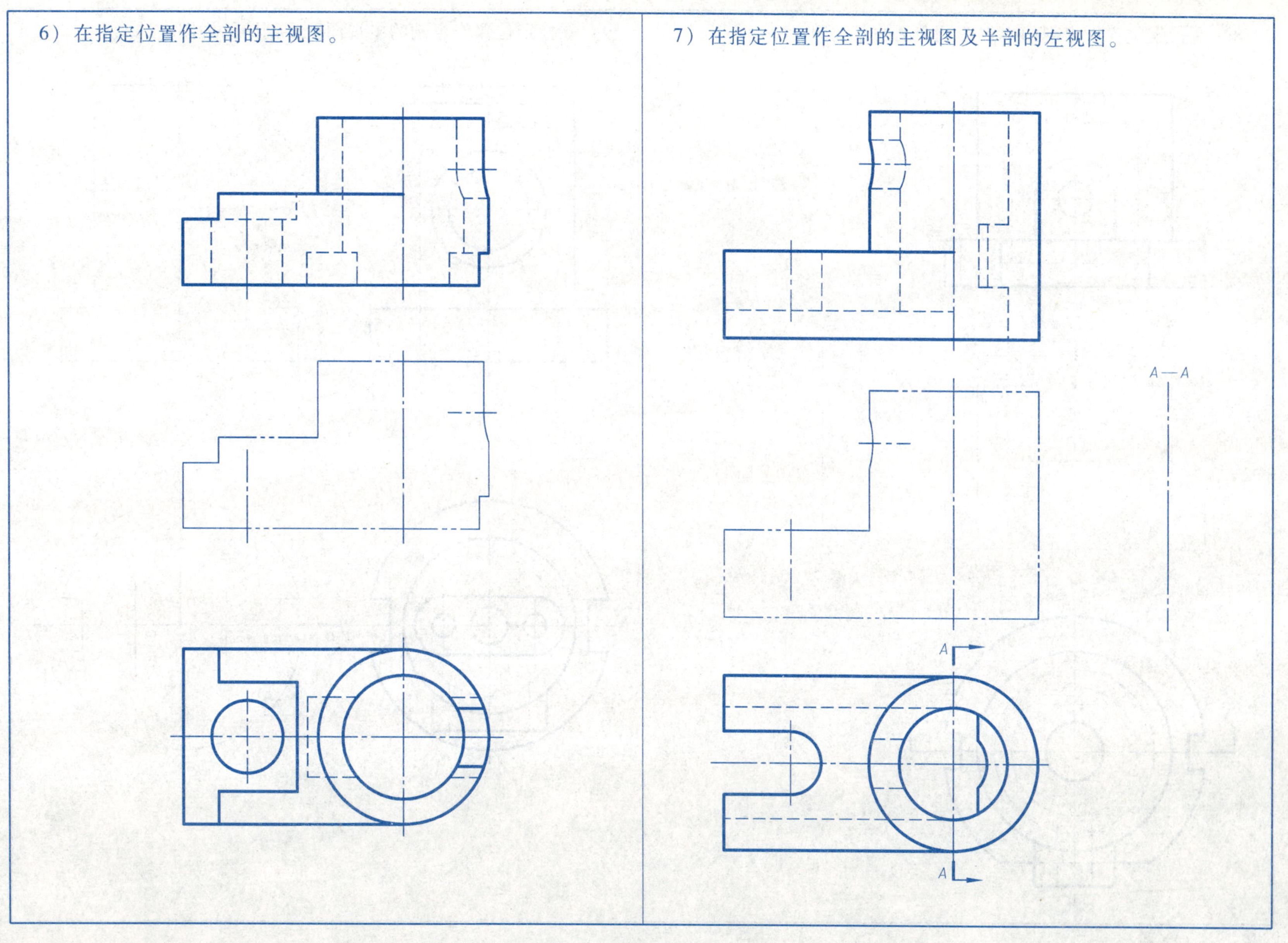

8）在指定位置作半剖的主视图及全剖的左视图。

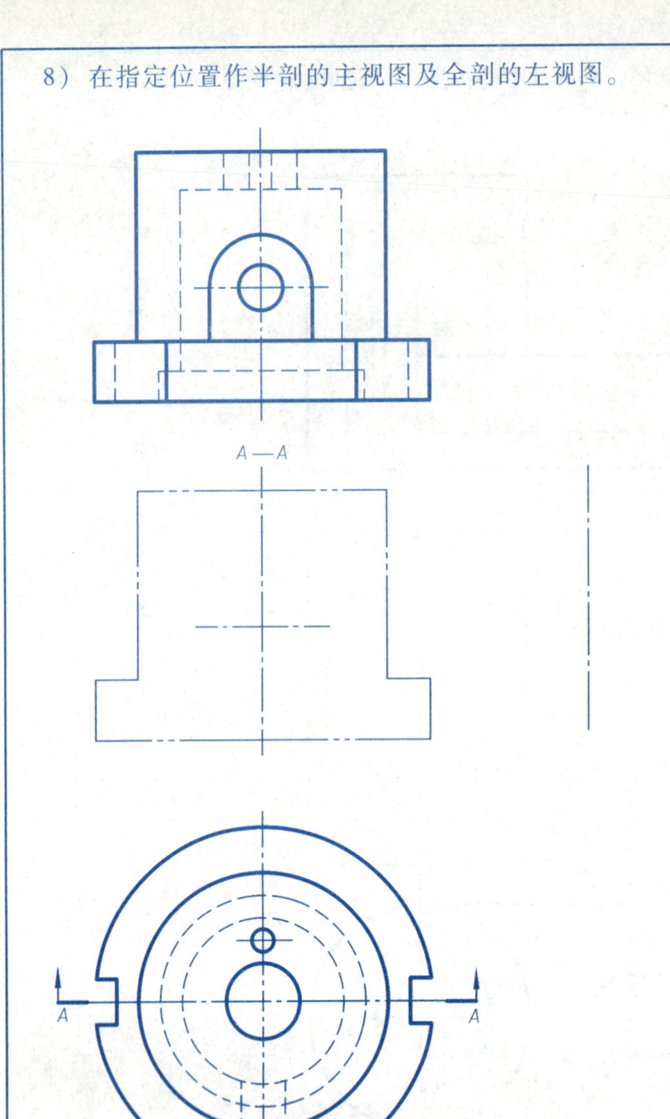

9）在指定位置作半剖的主视图及半剖的俯视图。

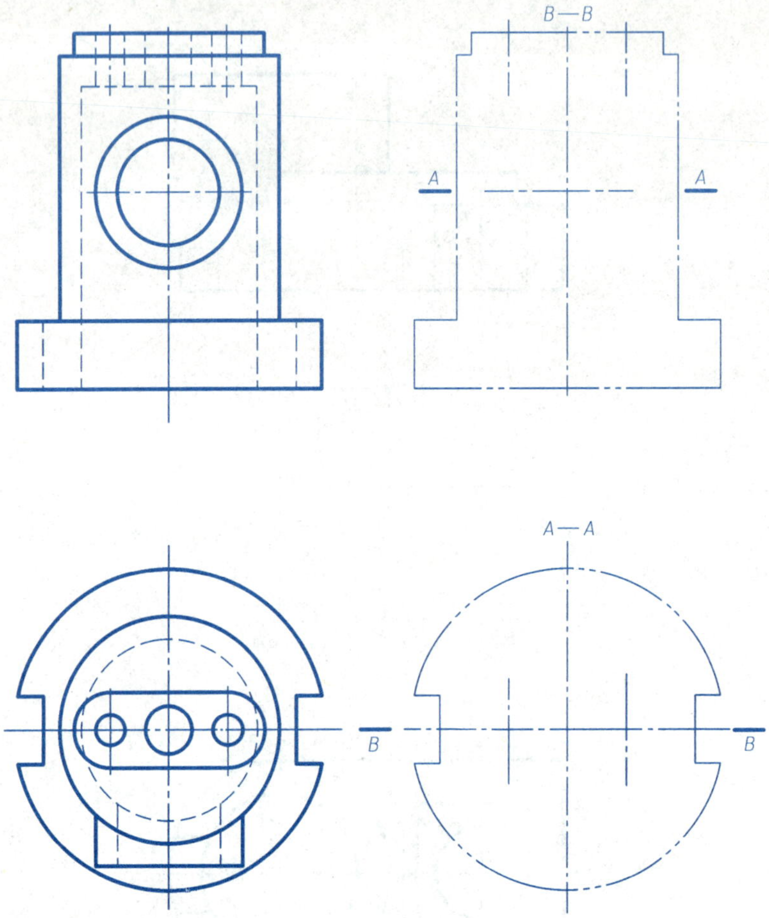

B—B

A A

A—A

B B

班　级＿＿＿＿＿＿　姓　名＿＿＿＿＿＿　学　号＿＿＿＿＿＿

10）在指定位置作半剖的主视图及全剖的左视图。

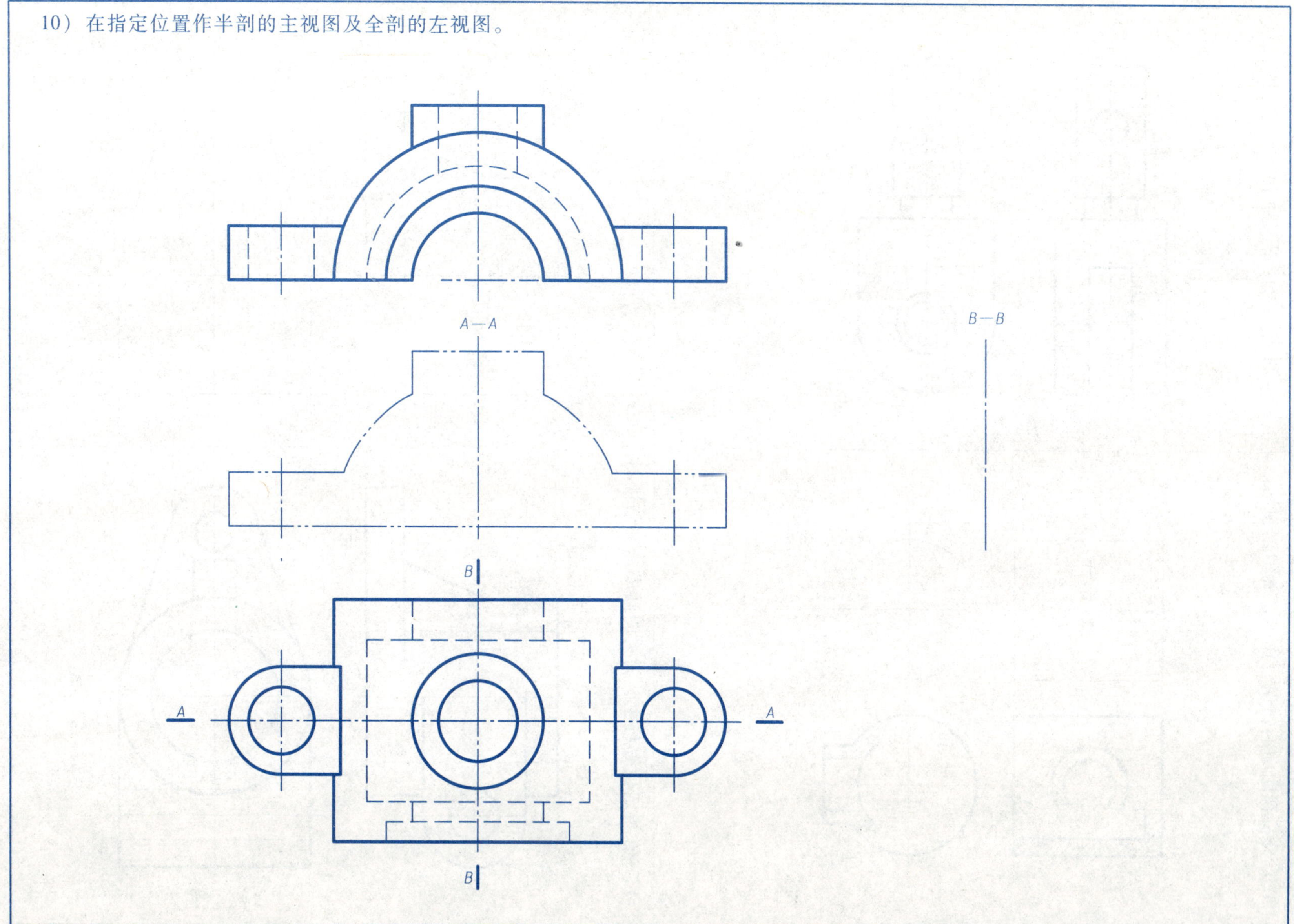

班　级________　姓　名________　学　号________

班　级________　姓　名________　学　号________

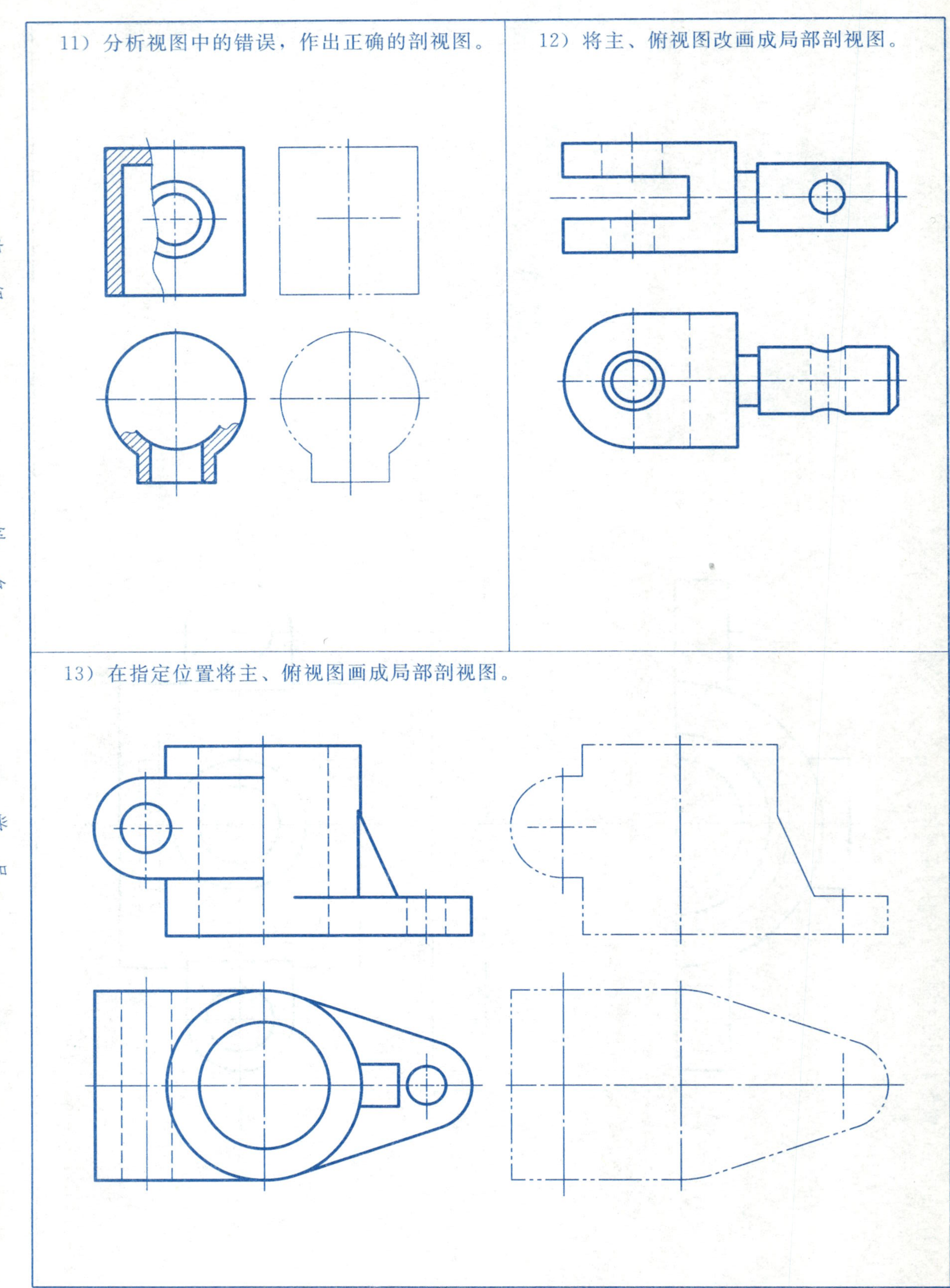

11）分析视图中的错误，作出正确的剖视图。
12）将主、俯视图改画成局部剖视图。
13）在指定位置将主、俯视图画成局部剖视图。

14）在指定位置将主视图画成阶梯剖视图，并作正确标注。

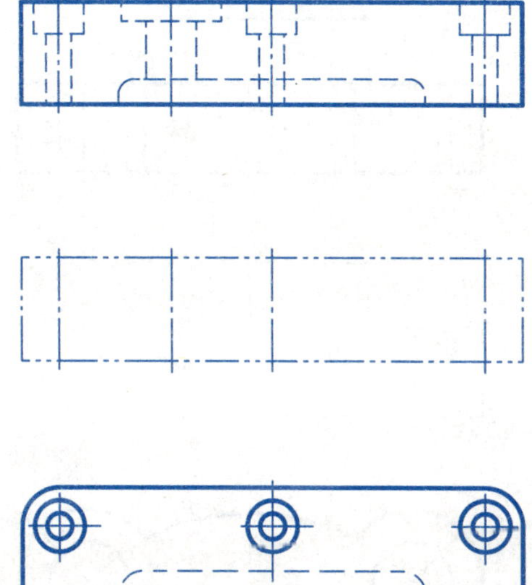

15）在指定位置作阶梯剖的主视图。

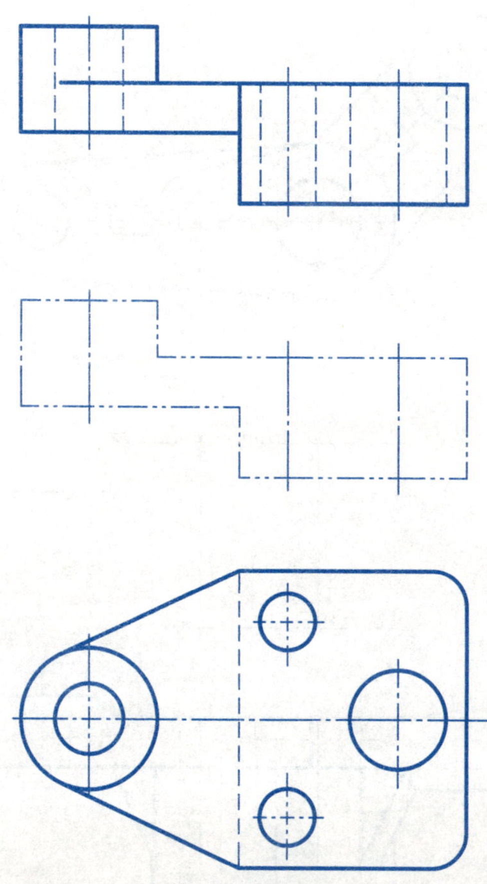

班　级________________　姓　名________________　学　号________________

16）在指定位置将俯视图画成旋转剖视图，并作正确标注。

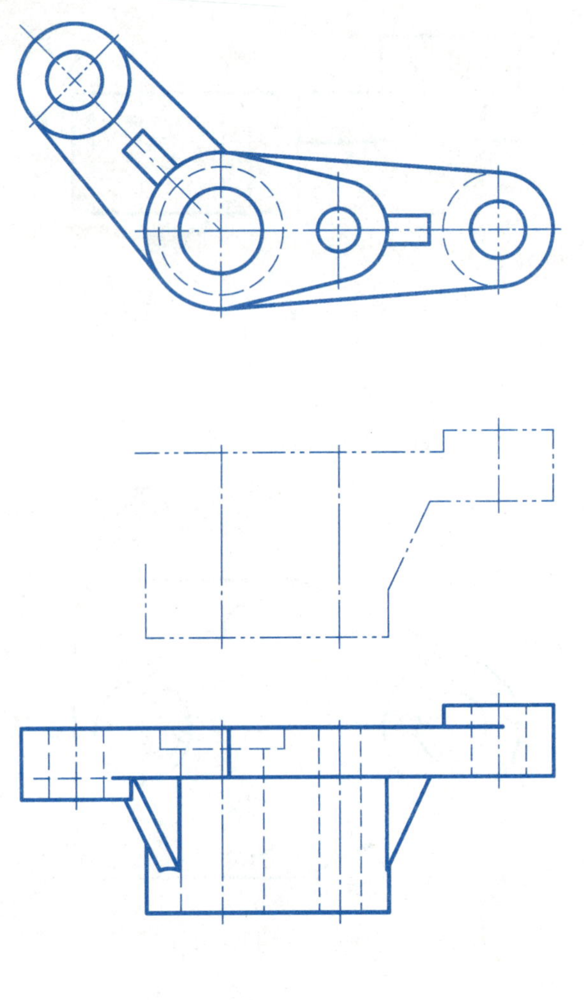

17）在指定位置将主视图画成旋转剖视图，并作正确标注。

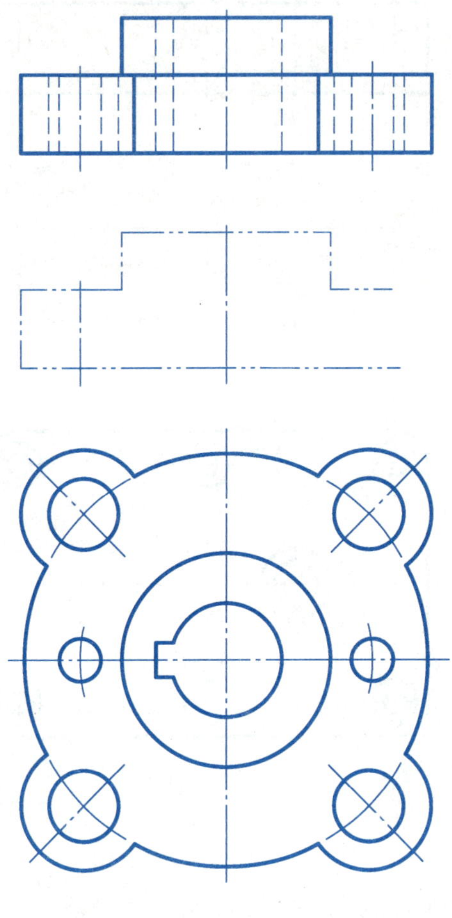

班　级________　姓　名________　学　号________

18）在指定位置作 *A—A* 斜剖视图。

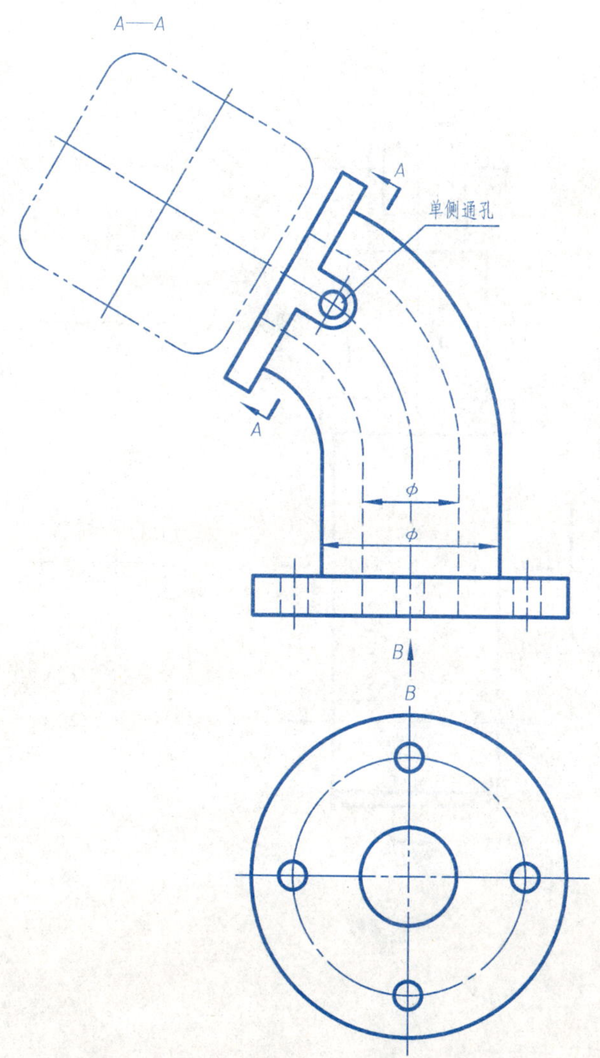

19）在指定位置作 *A—A* 复合剖视图。

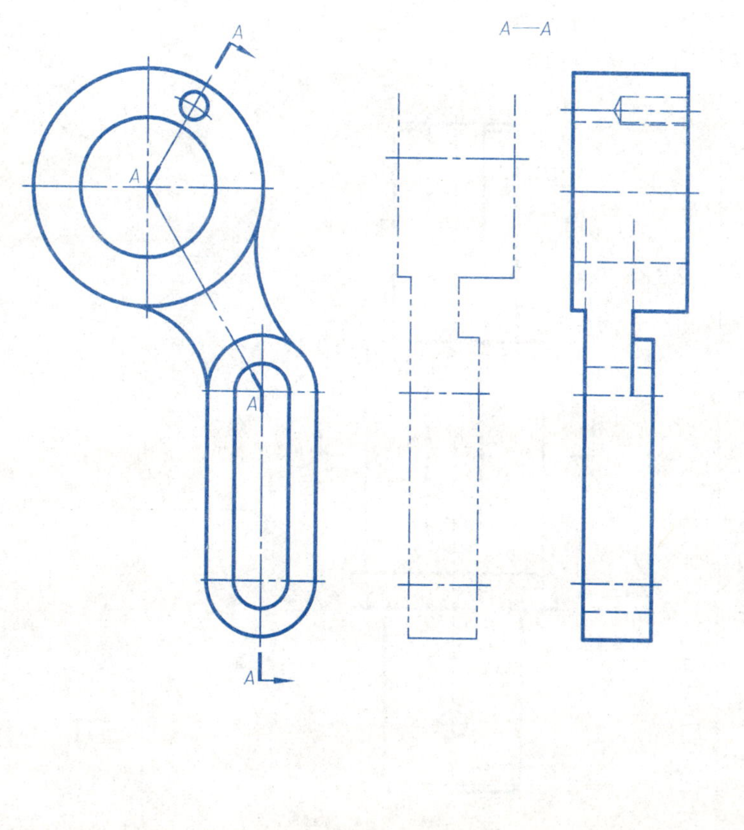

第四节 断 面 图

1）画出指定位置剖切的断面图。

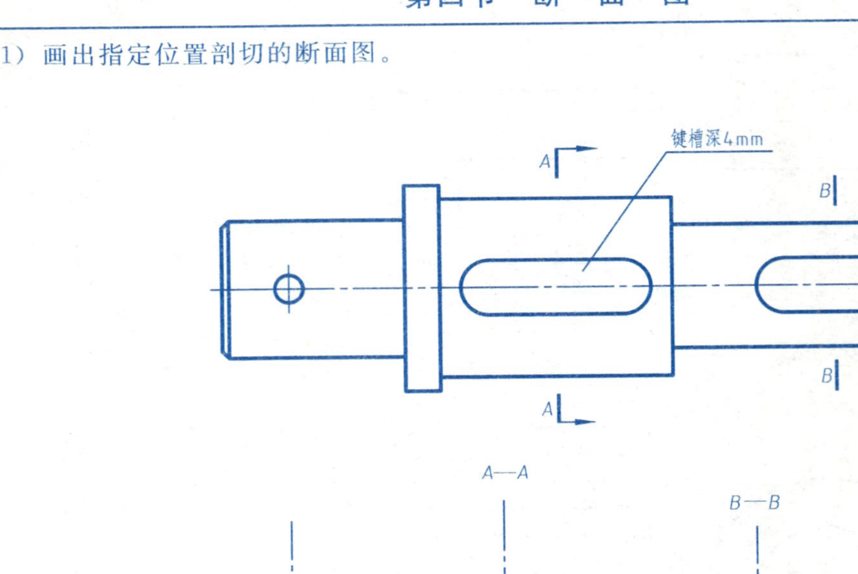

2）画出指定位置剖切的断面图。

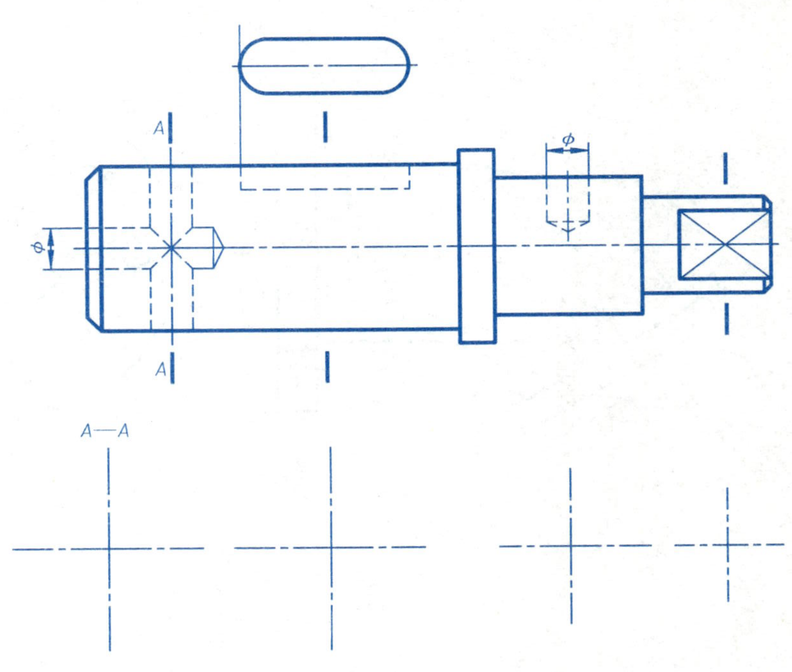

班 级________ 姓 名________ 学 号________

3）画出指定位置剖切的断面图（键槽深 4mm）。

4）找出支架中断面图画法的错误，并在右侧的视图中画出正确的移出断面图和重合断面图。

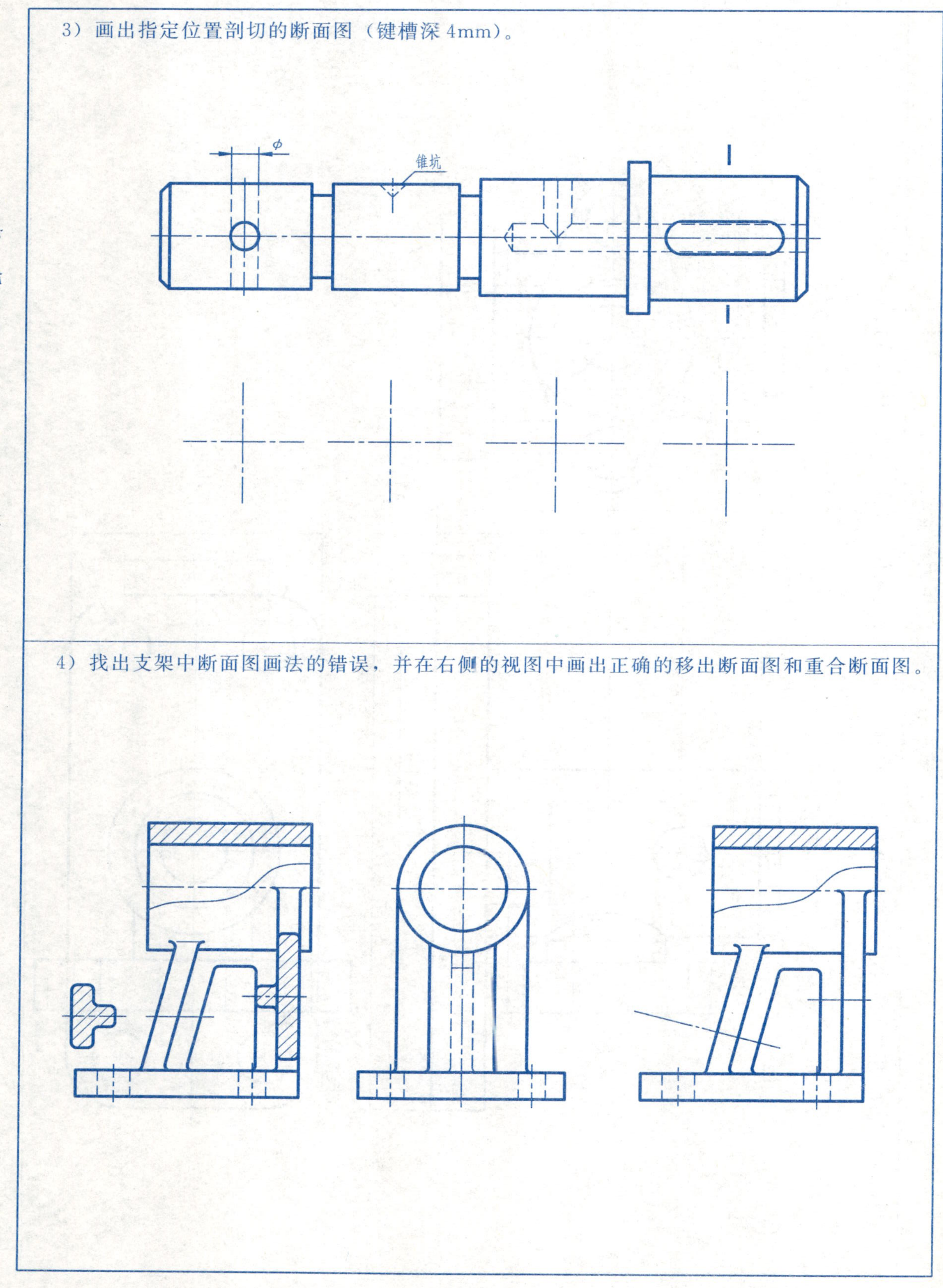

班 级________________ 姓 名________________ 学 号________________

根据所给视图选用适当的表达方法，正确、完整、清晰、简练地表达机件的结构，并标注尺寸（比例：1：1）。

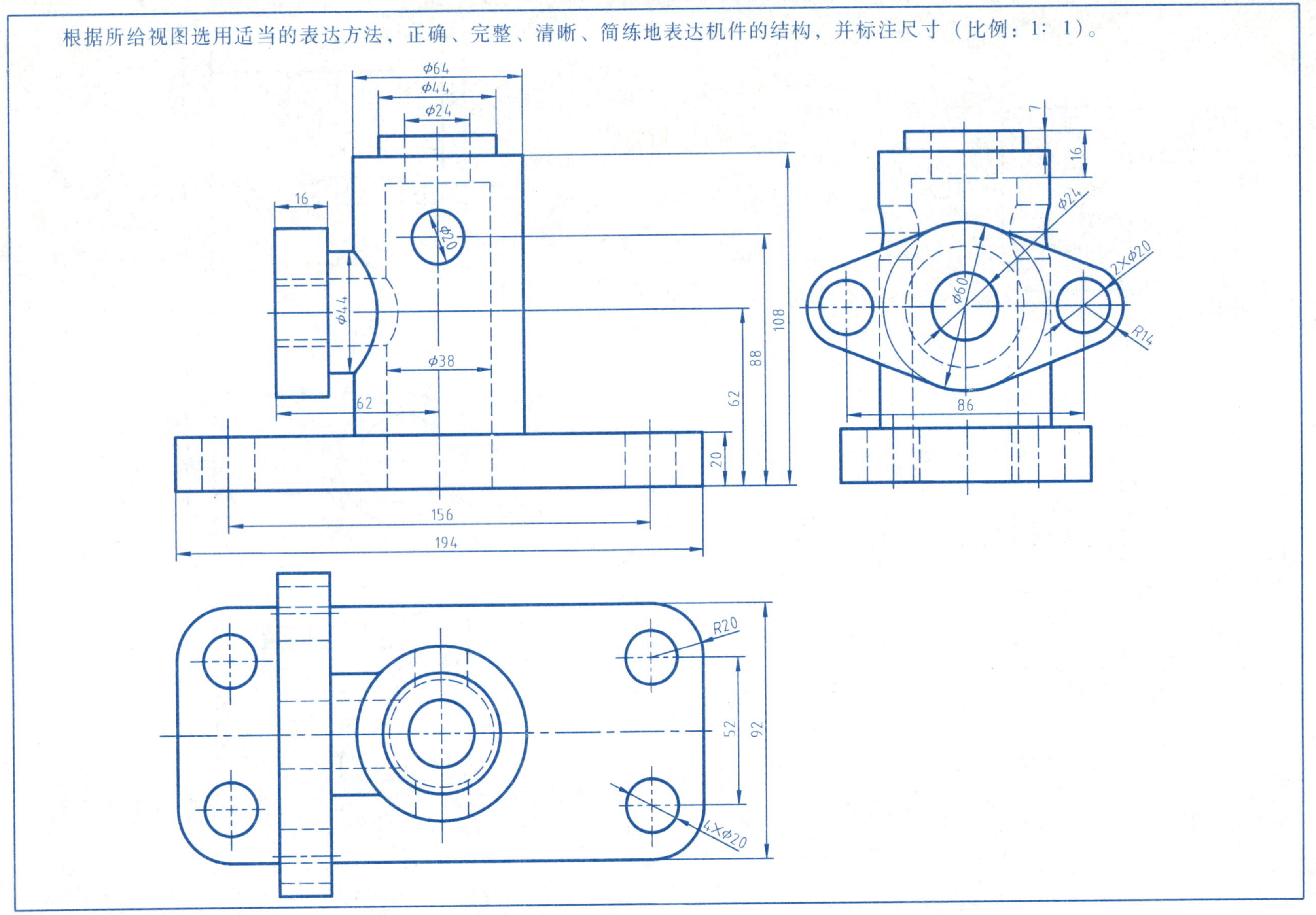

班 级＿＿＿＿＿＿ 姓 名＿＿＿＿＿＿ 学 号＿＿＿＿＿＿

第七章　标准件和常用件

第一节　螺　纹

1）已知外螺纹的大径为 M20，螺纹长 40，螺纹倒角 *C*2。按规定画法，在指定位置绘制螺纹的主、左两视图。

2）已知内螺纹的大径为 M20，螺纹长 30，钻孔深 40，螺纹倒角 *C*2。按规定画法，在指定位置绘制螺纹全剖的主视图、基本视图的左视图。

3）将上述内、外螺纹旋合、旋合长度为 20，画出螺纹联接的主视图。

4）判断下列螺纹画法的正误，正确的打“√”，错误的打“×”。

（　）　（　）　（　）　（　）

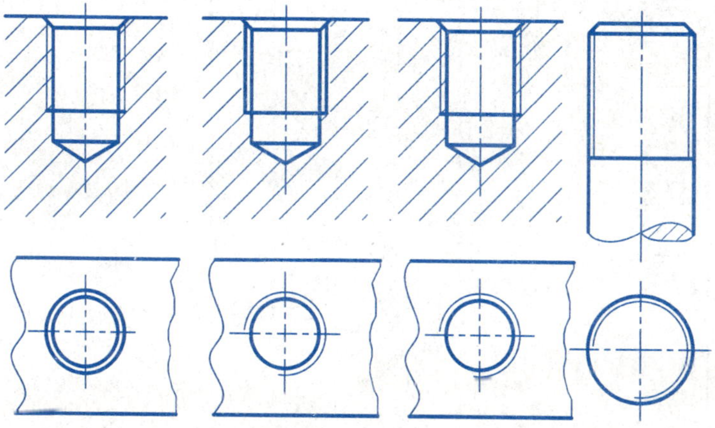

5）判断螺纹联接画法的正误，正确的打“√”，错误的打“×”。

（　）　（　）

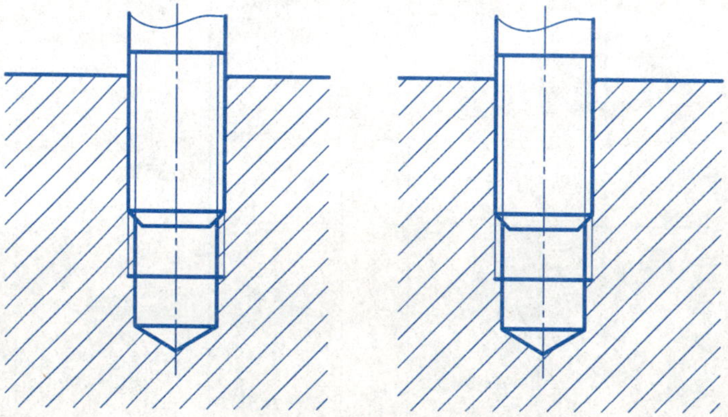

班　级＿＿＿＿＿＿　姓　名＿＿＿＿＿＿　学　号＿＿＿＿＿＿

6）已知下列螺纹的代号，试识别其意义并填表。

代　号	螺纹种类	公称直径	螺距或导程/线数	旋向	中径公差带代号	顶径公差带代号	旋合长度代号
M10-5g6g-S							
M10×1							
M16×1.5-6g-LH							
Rp ¾							
Tr36×6LH-8e-L							
G½A							
B32×12(P6)							

7）根据给定的螺纹要素，标注螺纹尺寸。

① 普通螺纹：顶径 30mm，螺距 1.5mm，公差带代号 5g6g，短旋合长度，单线右旋。

② 普通螺纹：顶径 20mm，螺距 2.5mm，公差带代号 7g6g，长旋合长度，左旋。

③ 55°非密封圆柱管螺纹：尺寸代号为 1/2，公差等级为 A 级，右旋。

④ 55°密封圆锥管螺纹：尺寸代号为 1/2，右旋。

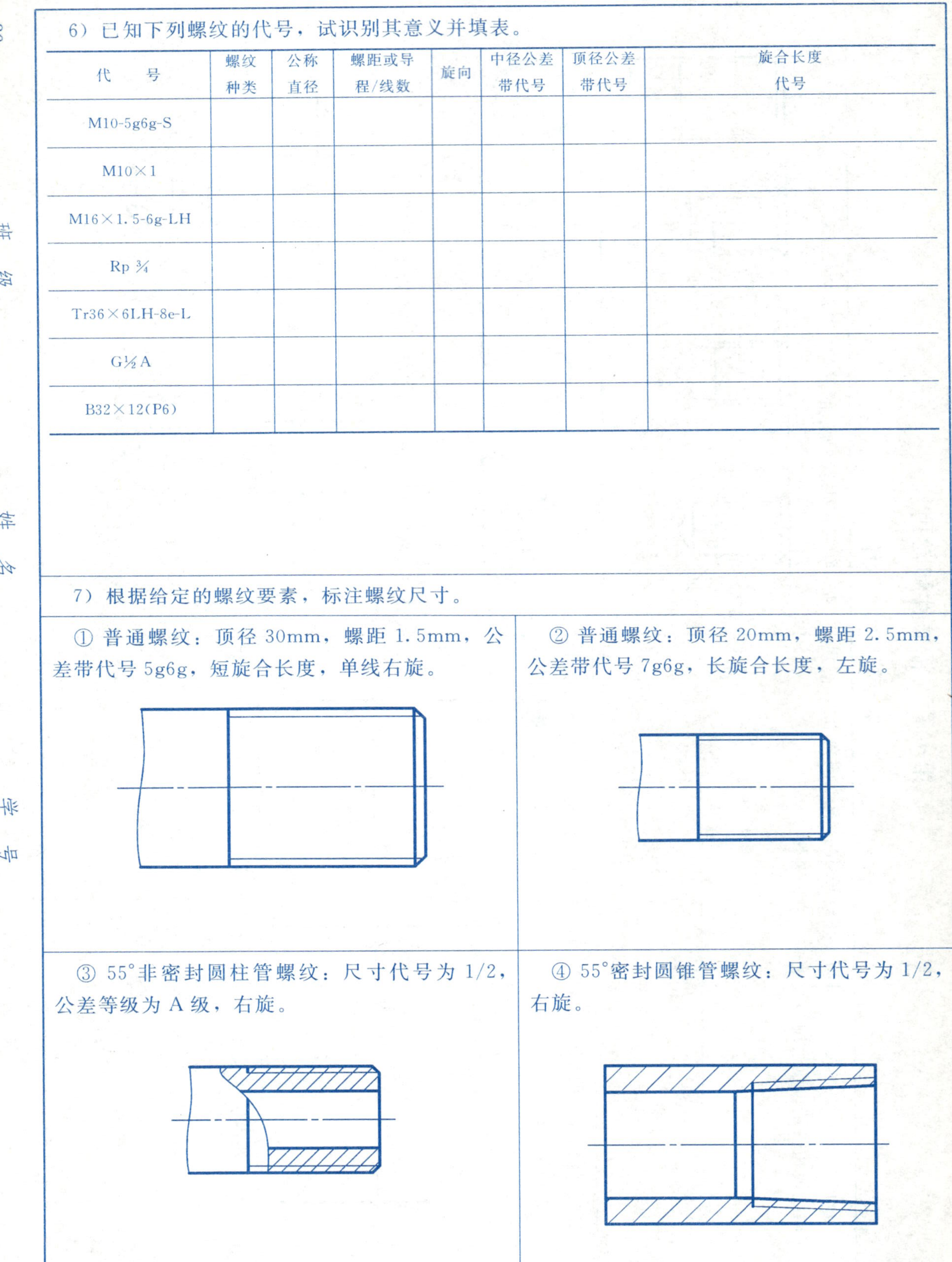

班　级________　姓　名________　学　号________

第二节　常用螺纹紧固件

1）查表确定各紧固件的尺寸。

① 六角头螺栓 GB/T 5782—2000 M16×60。

② 双头螺柱 GB/T 898—1988 M16×60。

③ 开槽沉头螺钉 GB/T 68—2000 M10×50。

2）根据所注规格尺寸，查表写出各紧固件的规定标记。

① A 级的 1 型六角螺母。

规定标记：________

② 平垫圈。

规定标记：________

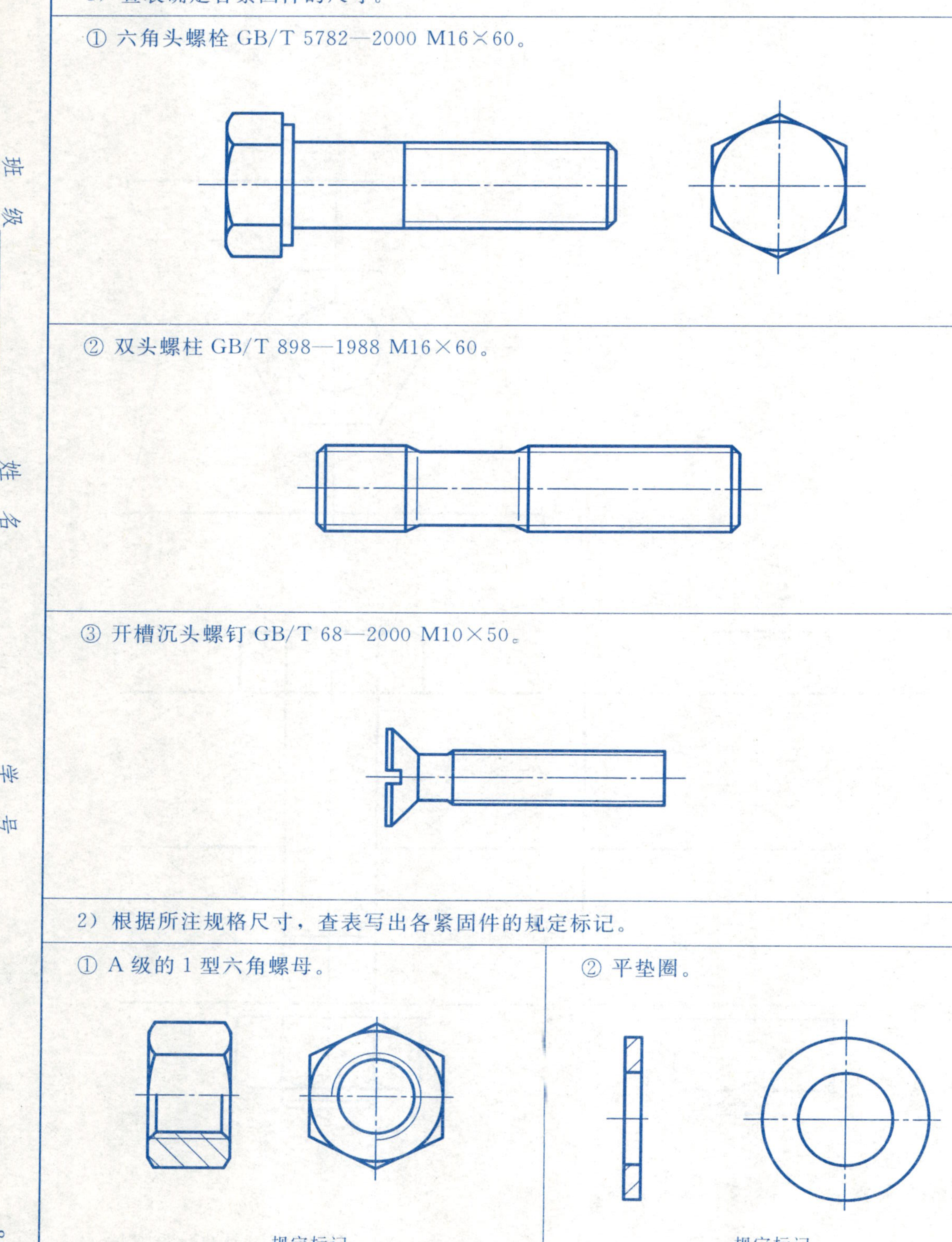

班　级________　姓　名________　学　号________

3）补画螺栓联接图中的漏线。

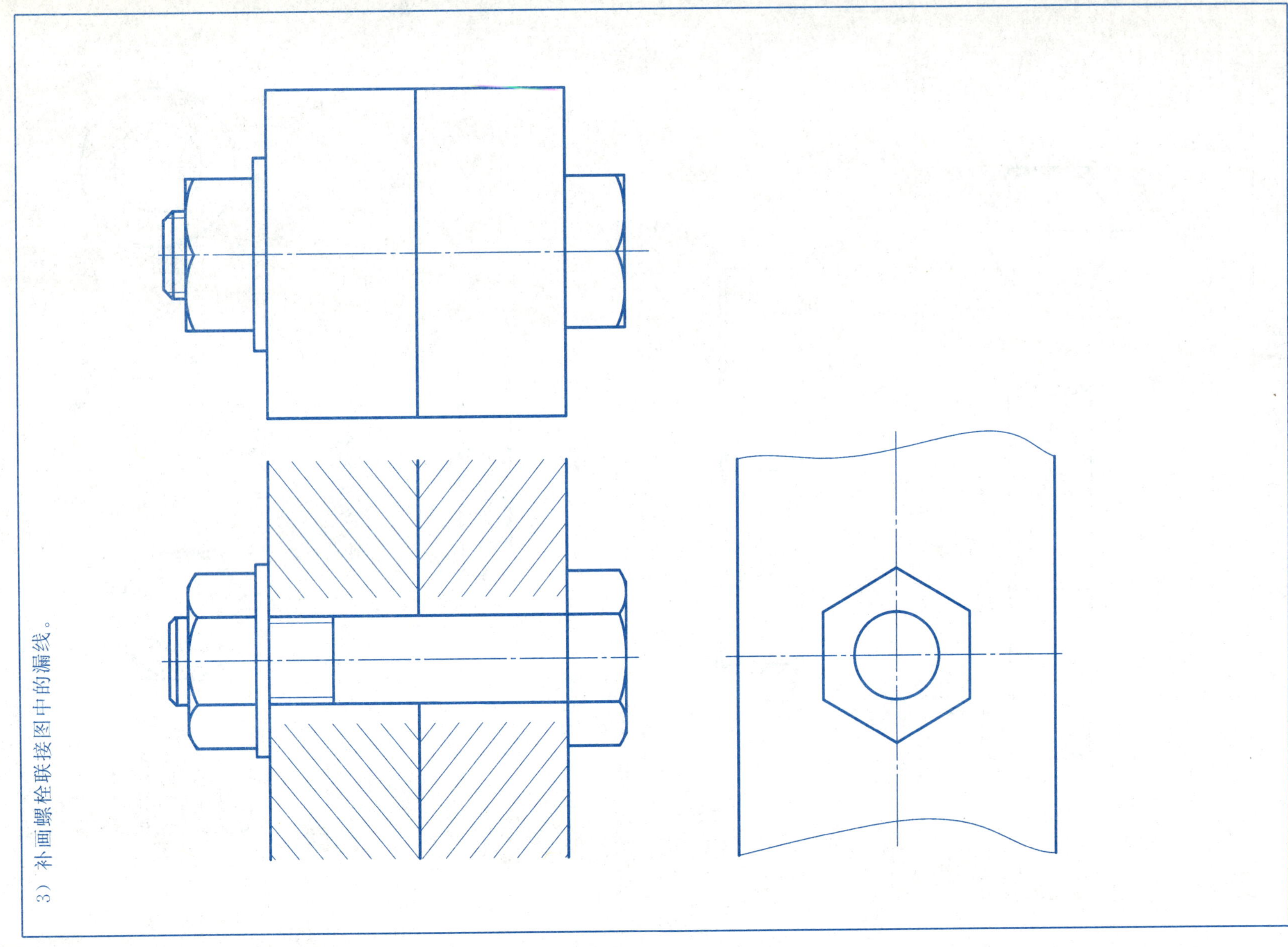

班 级________ 姓 名________ 学 号________

4）补画螺柱联接图中的漏线。

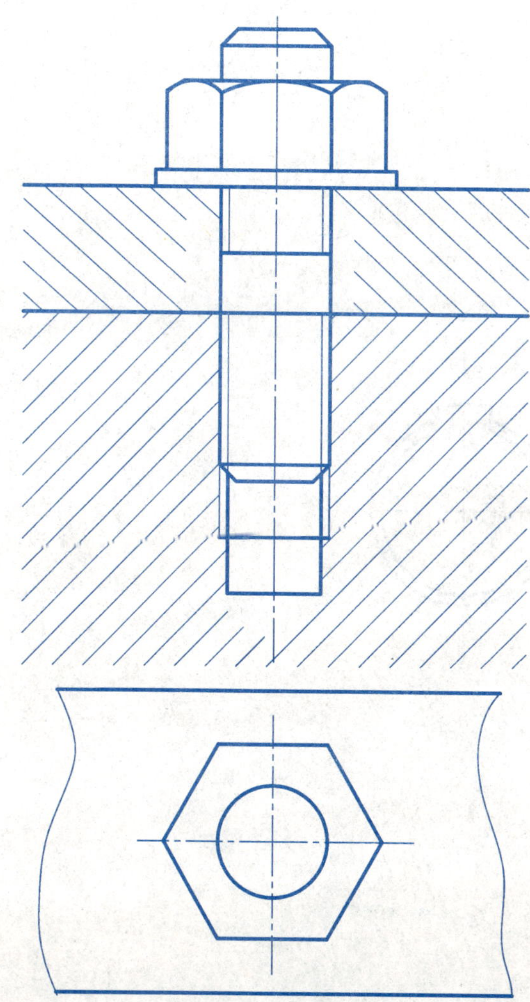

5）补画螺钉联接图中的漏线。

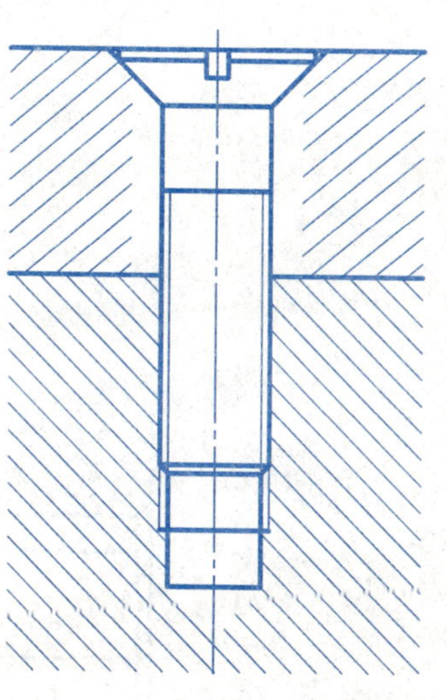

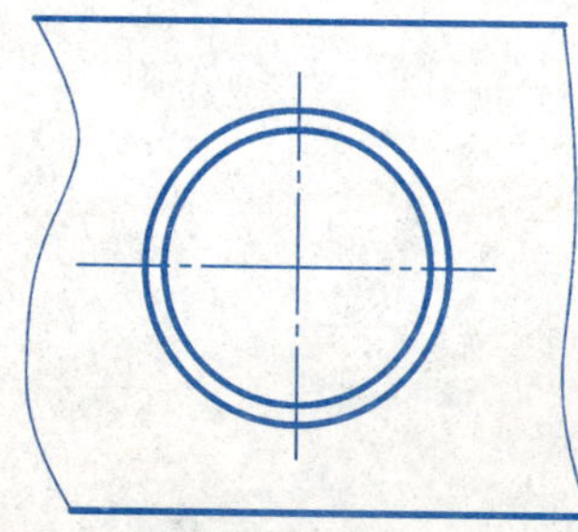

班　级＿＿＿＿＿＿＿＿　姓　名＿＿＿＿＿＿＿＿　学　号＿＿＿＿＿＿＿＿

m	
z	
压力角	

1）已知标准直齿圆柱齿轮 $d_a=72\text{mm}$，$z=22$，$b=20\text{mm}$，轴孔直径 $D=25\text{mm}$，试计算出有关参数，用1：1的比例完成其视图，并注全尺寸。

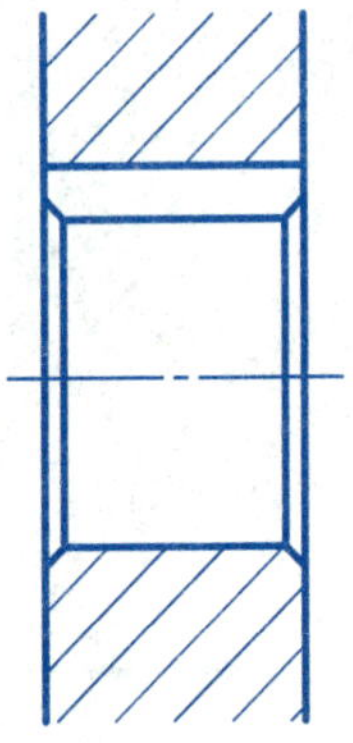

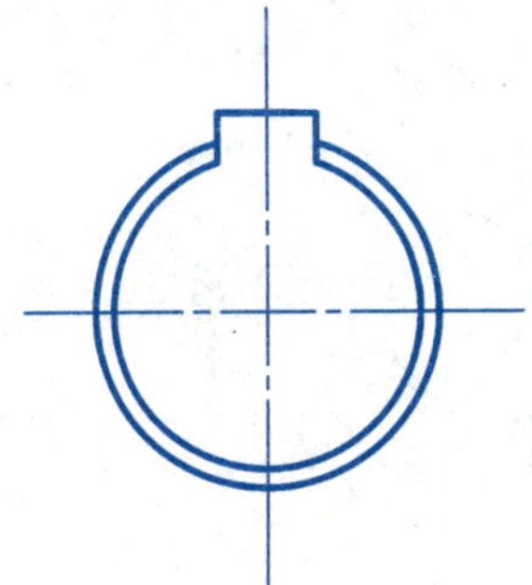

$m=$

$d=$

$d_f=$

班 级________ 姓 名________ 学 号________

2）已知大齿轮的模数 $m=4\text{mm}$，齿数 $z_2=38$，两齿轮的中心距 $a=112\text{mm}$，试计算大小齿轮的分度圆、齿顶圆和齿根圆的直径及传动比。用 1：2 的比例完成下列直齿圆柱齿轮的啮合图（将计算公式写在左侧空白处）。

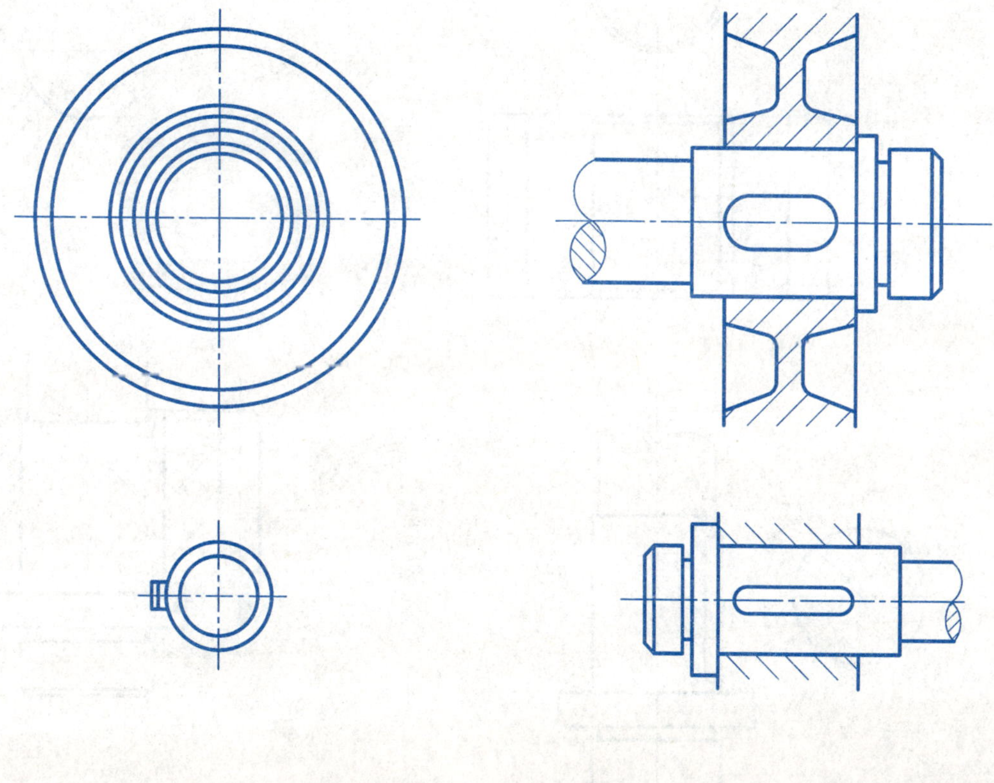

班　级________________　姓　名________________　学　号________________

第四节　键

已知齿轮和轴，用 A 型普通平键联接，轴孔直径为 40mm，键的宽度为 12mm，长度为 40mm。

① 写出键的规定标记。

② 查表确定键和键槽的尺寸，用 1∶2 的比例画全下列各视图和断面图，并标注键槽尺寸和键的规定标记。

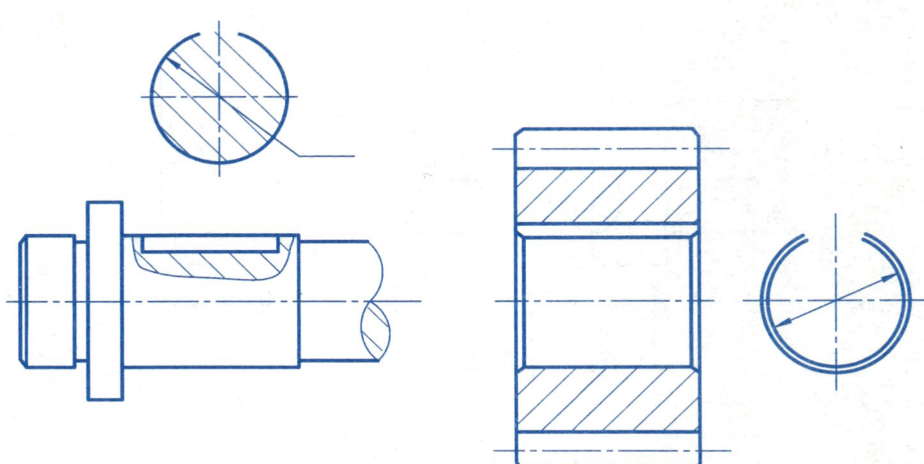

a) 齿轮轴

b) 齿轮

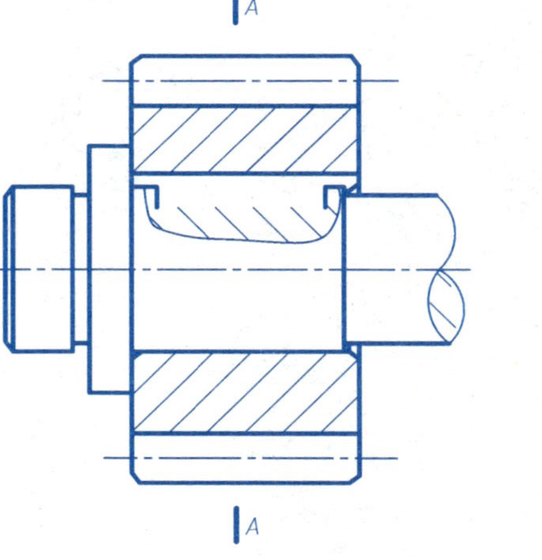

c) 齿轮和轴

班　级________　姓　名________　学　号________

第五节 弹簧、轴承

1）已知圆柱螺旋压缩弹簧：YB8×50×112，簧丝直径 d=8mm，弹簧中径 D=50mm，节距 t=12mm，有效圈数 n=8，总圈数 n_1=10.5，右旋。用1∶1的比例画出弹簧的全剖视图。

2）将下面各轴颈上的滚动轴承按规定画法在轴线下方画出。

滚动轴承6204

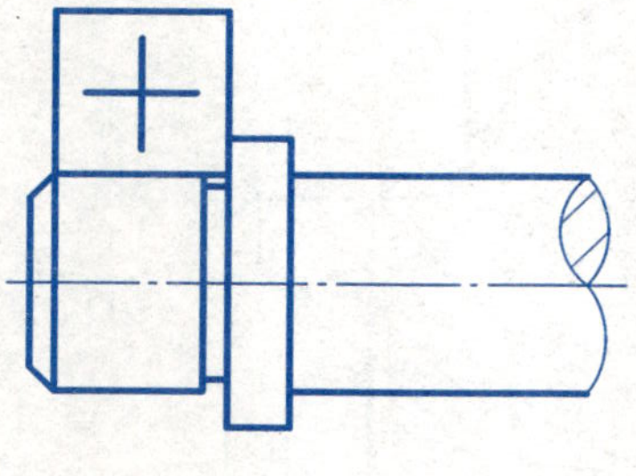

圆锥滚子轴承30305

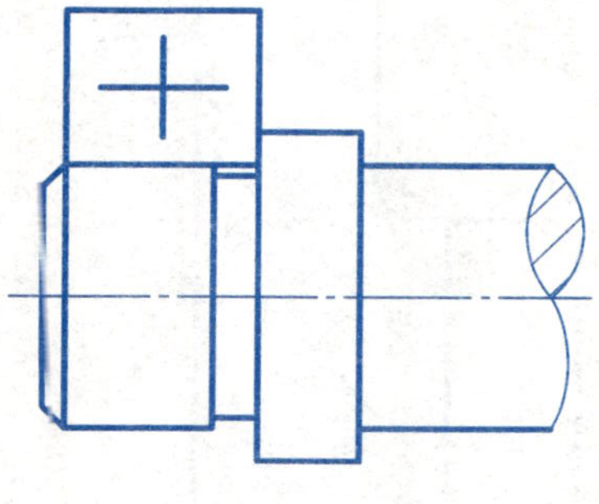

班级________ 姓名________ 学号________

1）完成圆柱销联接（销 GB/T 119.1 10m6×70）。

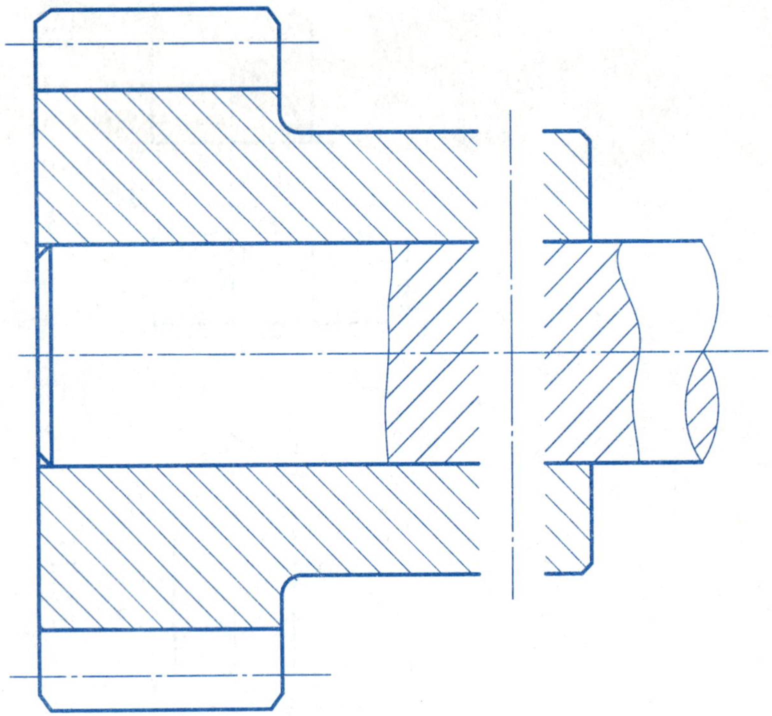

2）完成圆锥销联接（销 GB/T 117　6×30）。

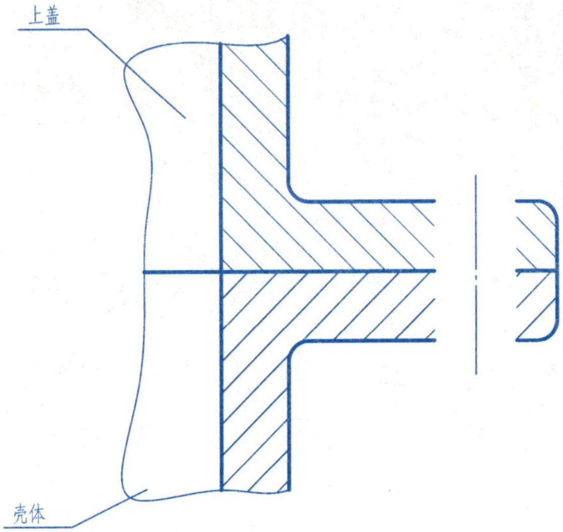

班　级＿＿＿＿＿＿＿＿　姓　名＿＿＿＿＿＿＿＿　学　号＿＿＿＿＿＿＿＿

第八章　零　件　图

第一节　尺寸公差与配合

1）完成下面填空，并在零件图中注出相应偏差数值。

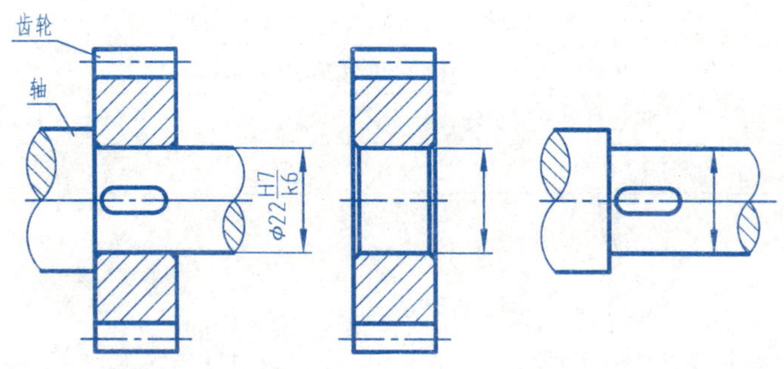

① 轴对齿轮孔 $\phi22\ \frac{H7}{k6}$：公称尺寸________，基________制，公差等级 孔________级，轴________级，________配合。

② 轴的上极限偏差________，下极限偏差________，公差________。

③ 齿轮孔的上极限尺寸________，下极限尺寸________，公差________。

2）填空说明装配图中配合尺寸的基准制及配合类别，并在零件图中注出相应偏差数值。

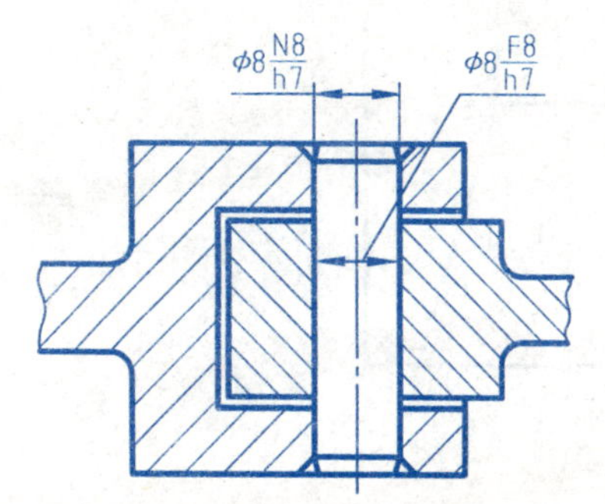

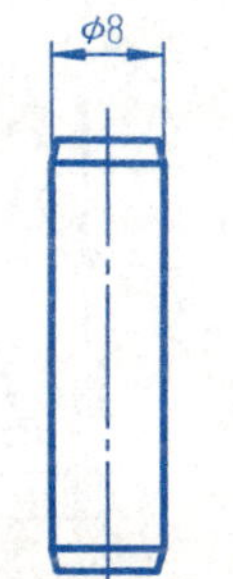

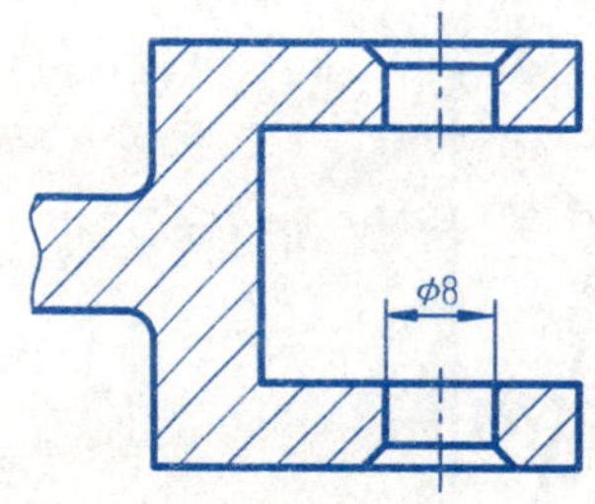

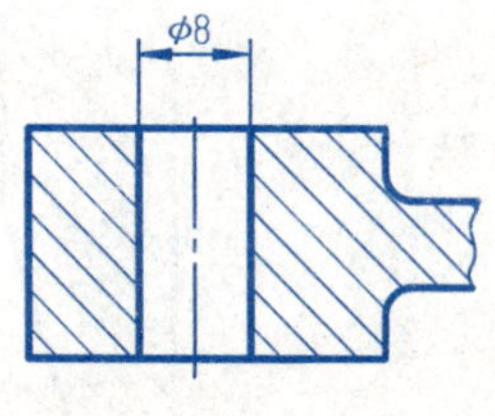

① $\phi8\ \frac{N8}{h7}$是基（　　）制，孔与轴是（　　）配合。

② $\phi8\ \frac{F8}{h7}$是基（　　）制，孔与轴是（　　）配合。

班　级____________　姓　名____________　学　号____________

1）分析图中表面粗糙度的错误标注，并在下图中正确标注。

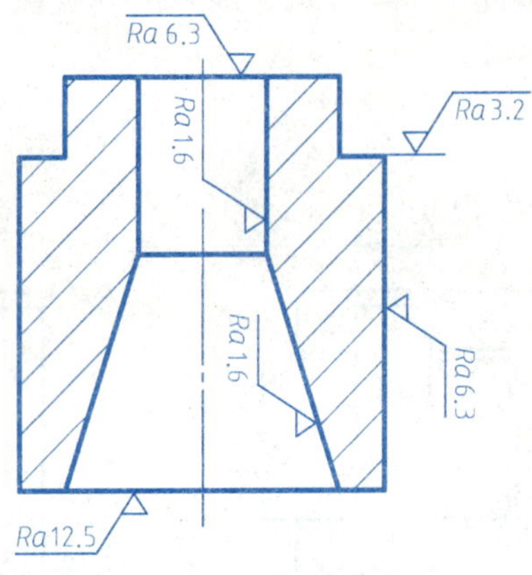

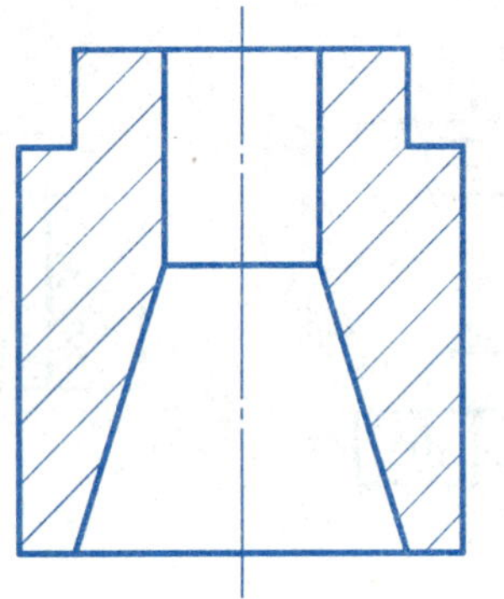

2）按要求将表中的表面粗糙度用代号标注在图上。

表面代号	表面粗糙度要求
B	用去除材料的方法获得表面，*Ra* 上限值为 3.2μm
C	ϕ15 孔的 *Ra* 上限值为 6.3μm
D	用去除材料的方法获得表面，*Ra* 上限值为 1.6μm
E	用去除材料的方法获得表面，*Ra* 上限值为 12.5μm
F	用去除材料的方法获得表面，*Ra* 上限值为 6.3μm
其余	保持原供应状况

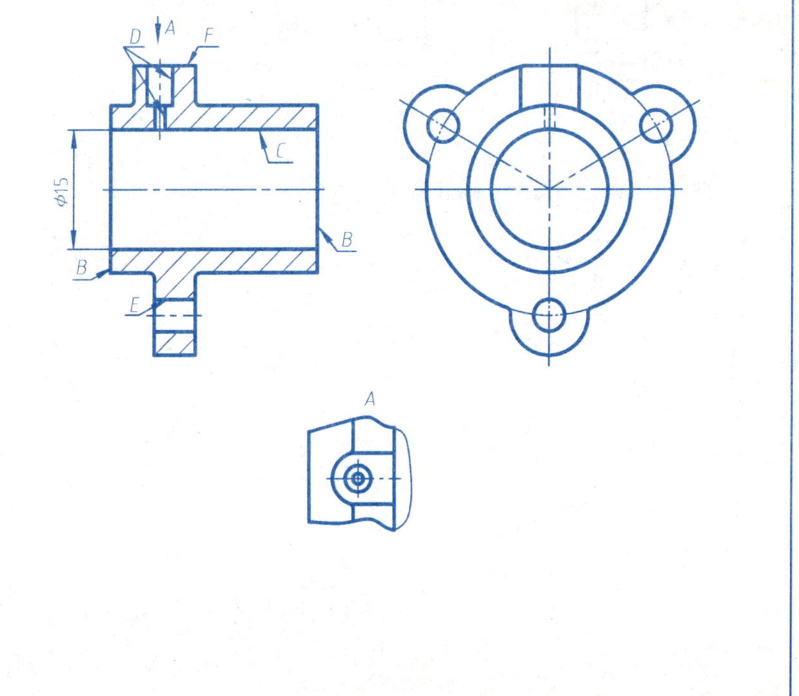

　班　级＿＿＿＿＿＿　姓　名＿＿＿＿＿＿　学　号＿＿＿＿＿＿

1）在 A3 图纸上用 2：1 的比例画零件图（越程槽、键槽、倒角等结构要求查阅相关标准决定尺寸）。

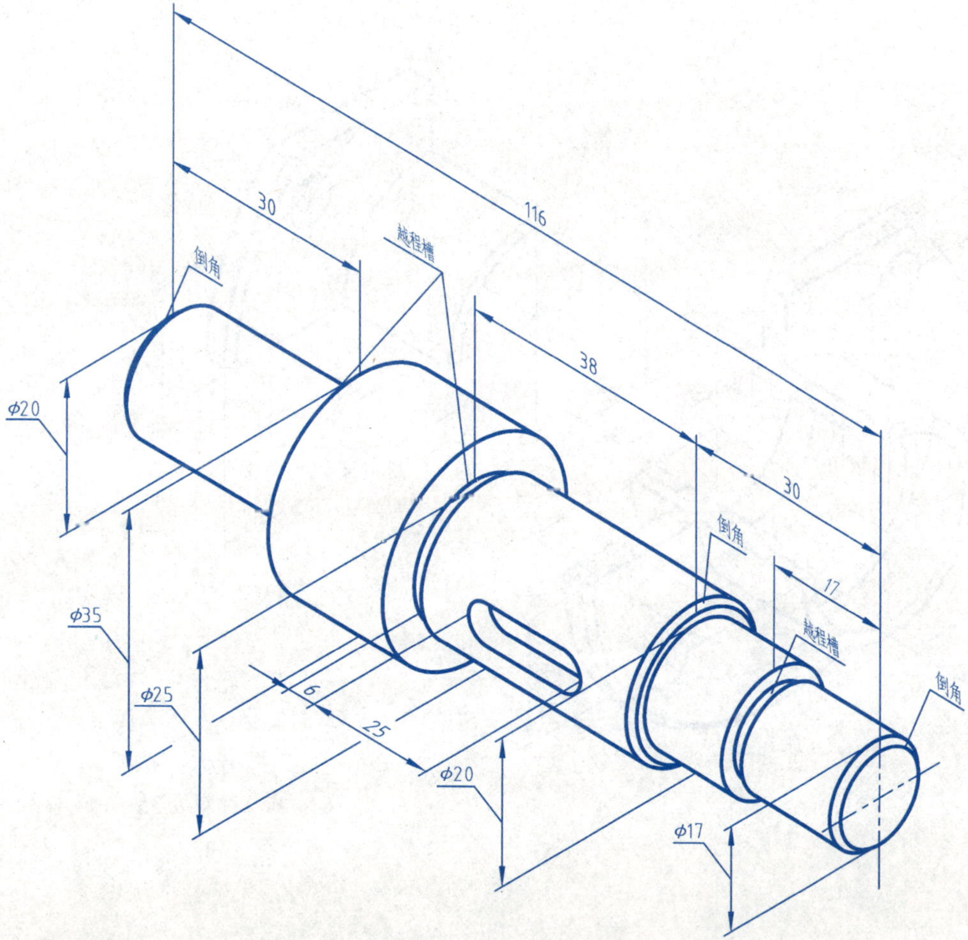

116
30
38
30
17
6
25
越程槽
倒角
倒角
越程槽
倒角
φ20
φ35
φ25
φ20
φ17

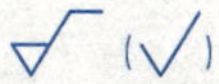

$\sqrt{}$ ($\sqrt{}$)

名称：轴

材料：45

2）徒手在 A4 图纸上用 2：1 的比例画零件草图。

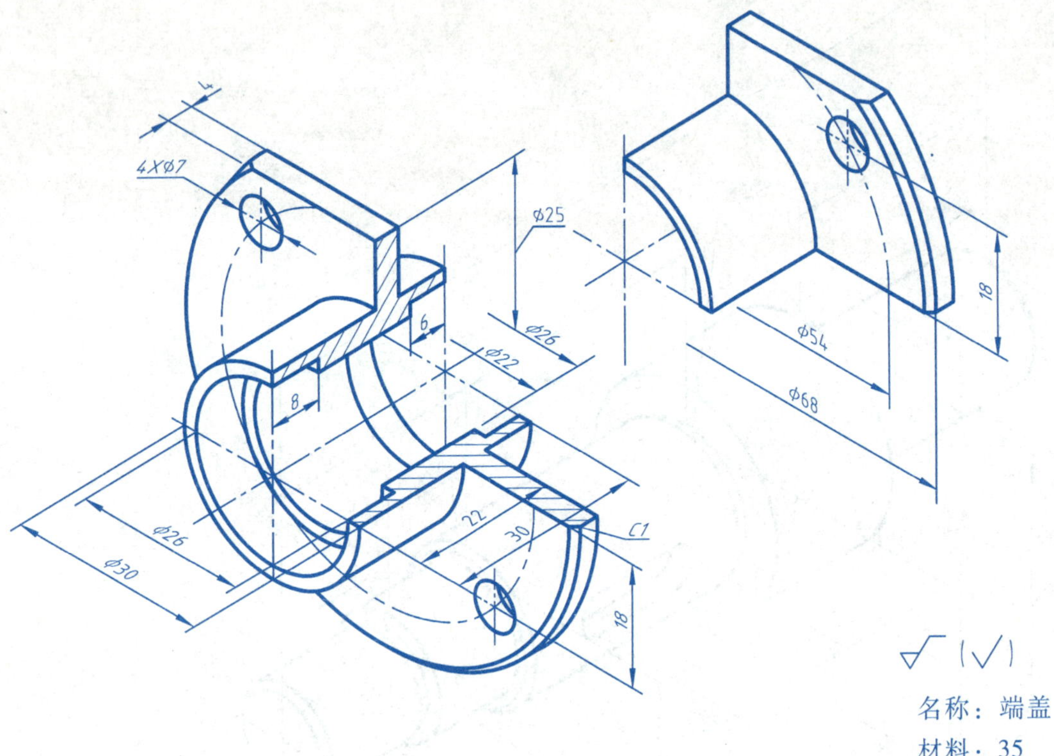

班　级＿＿＿＿＿＿＿＿　姓　名＿＿＿＿＿＿＿＿　学　号＿＿＿＿＿＿＿＿

3）在A3图纸上用1：1的比例画零件图。

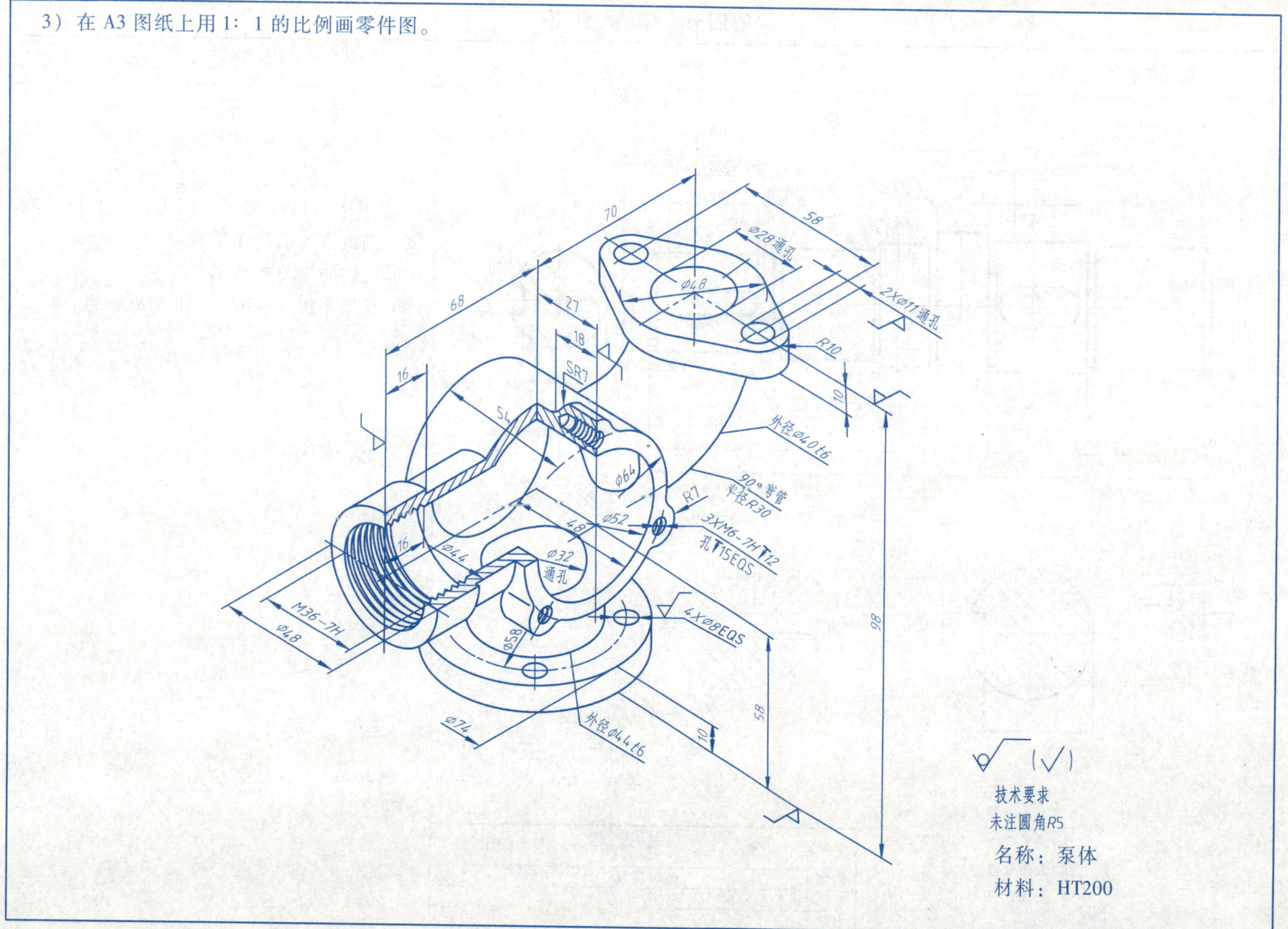

看懂零件图并回答问题。

1）轴。

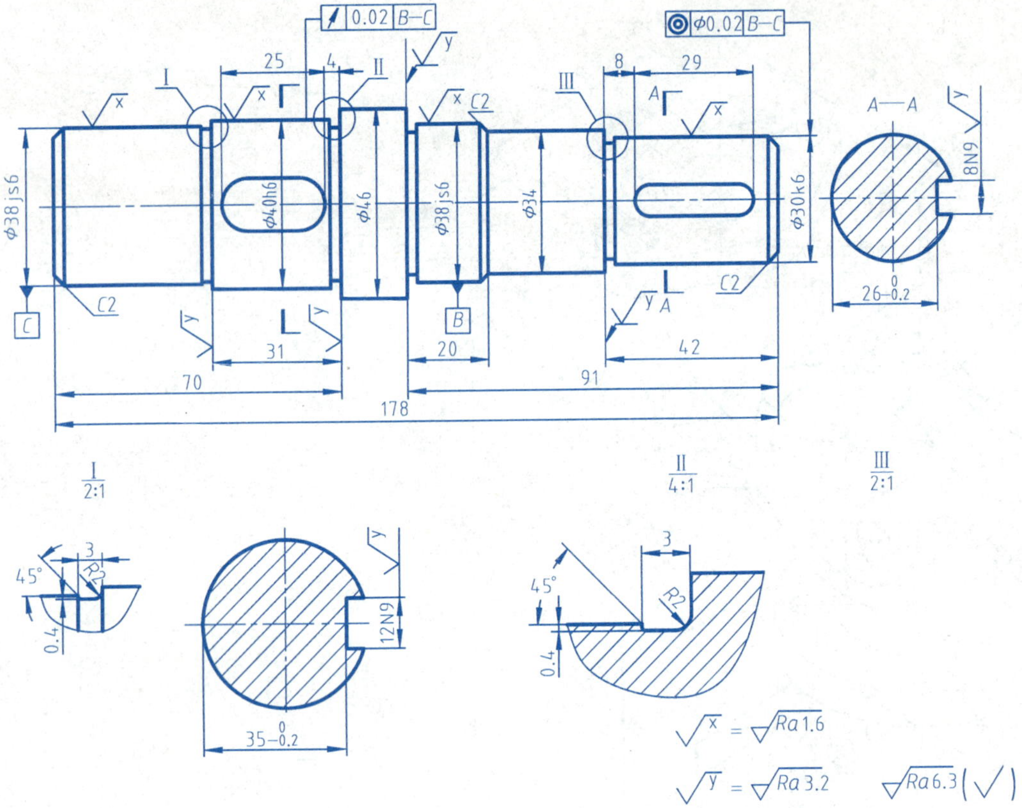

$\sqrt{x} = \sqrt{Ra\,1.6}$

$\sqrt{y} = \sqrt{Ra\,3.2}$　　$\sqrt{Ra\,6.3}$ ($\sqrt{}$)

技术要求

1. 调质 220～250HBW
2. 表面处理：发蓝
3. 未注圆角 R1

轴			比例		05	
制图			质量		材料	45
描图			大连工业大学			
审核						

读图问题：

①图中采用了哪些图样画法？______

②用指引线和文字在图上注明长度、宽度、高度方向的尺寸基准。

③说明 ϕ30k6 的含义。______

④在指定位置参考Ⅰ、Ⅱ画出Ⅲ的局部放大图。

　班　级______　姓　名______　学　号______

2）法兰盘。

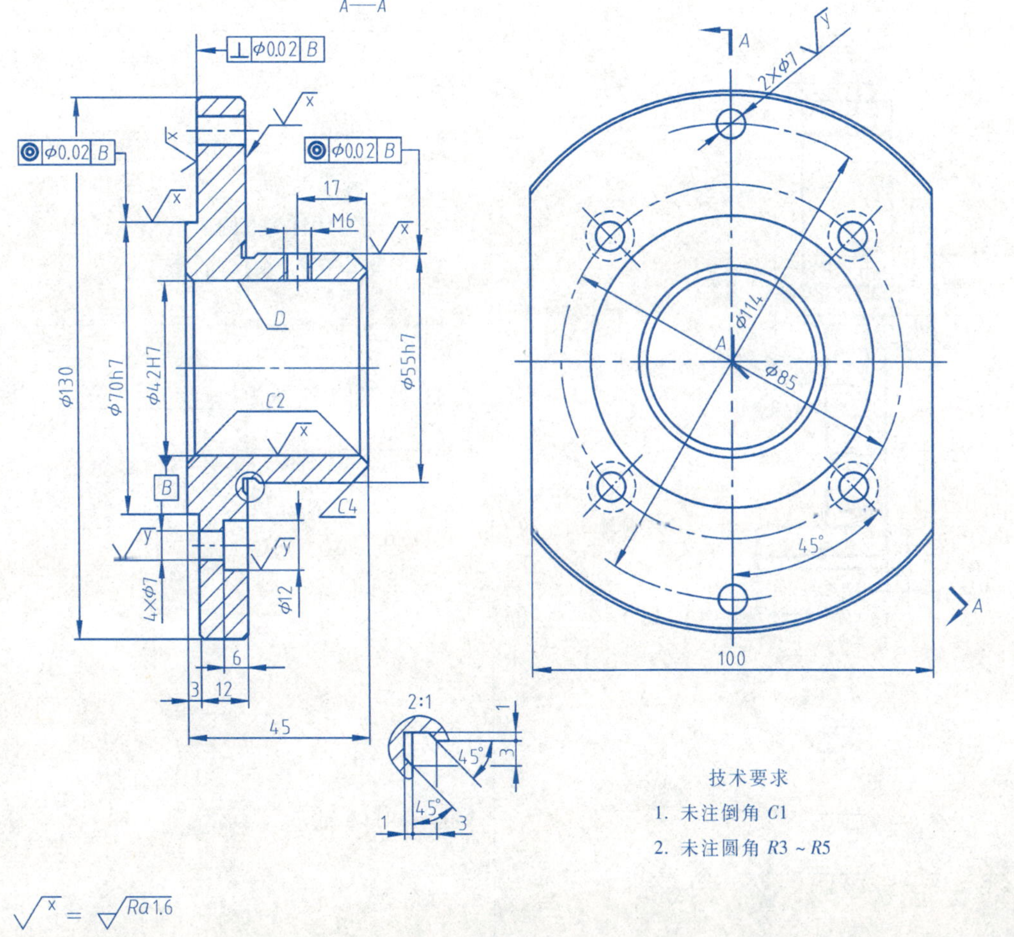

$\sqrt{x}$ = $\sqrt{Ra\,1.6}$

$\sqrt{y}$ = $\sqrt{Ra\,12.5}$ $\sqrt{Ra\,6.3}$ ($\sqrt{}$)

法兰盘			比例	1:2	01	
制图			质量		材料	HT200
描图			大连工业大学			
审核						

读图问题：

① 主视图采用了 A—A ________剖视图。

② 用指引线和文字在图上注明轴向尺寸和径向尺寸的主要基准。

③ 2×ϕ7 圆柱孔的定位尺寸为________。

④ M6 螺孔有________个，大径尺寸为________。

⑤ ϕ55h7 是基________制的轴，公差带代号为________，公差等级为________。

⑥ 图中$\sqrt{x}$有____处，它表示________。

⑦ D 面的表面粗糙度为__________。

⑧ ⊥ ϕ0.02 B 表示__________。

班　级____________　姓　名____________　学　号____________

3）支架。

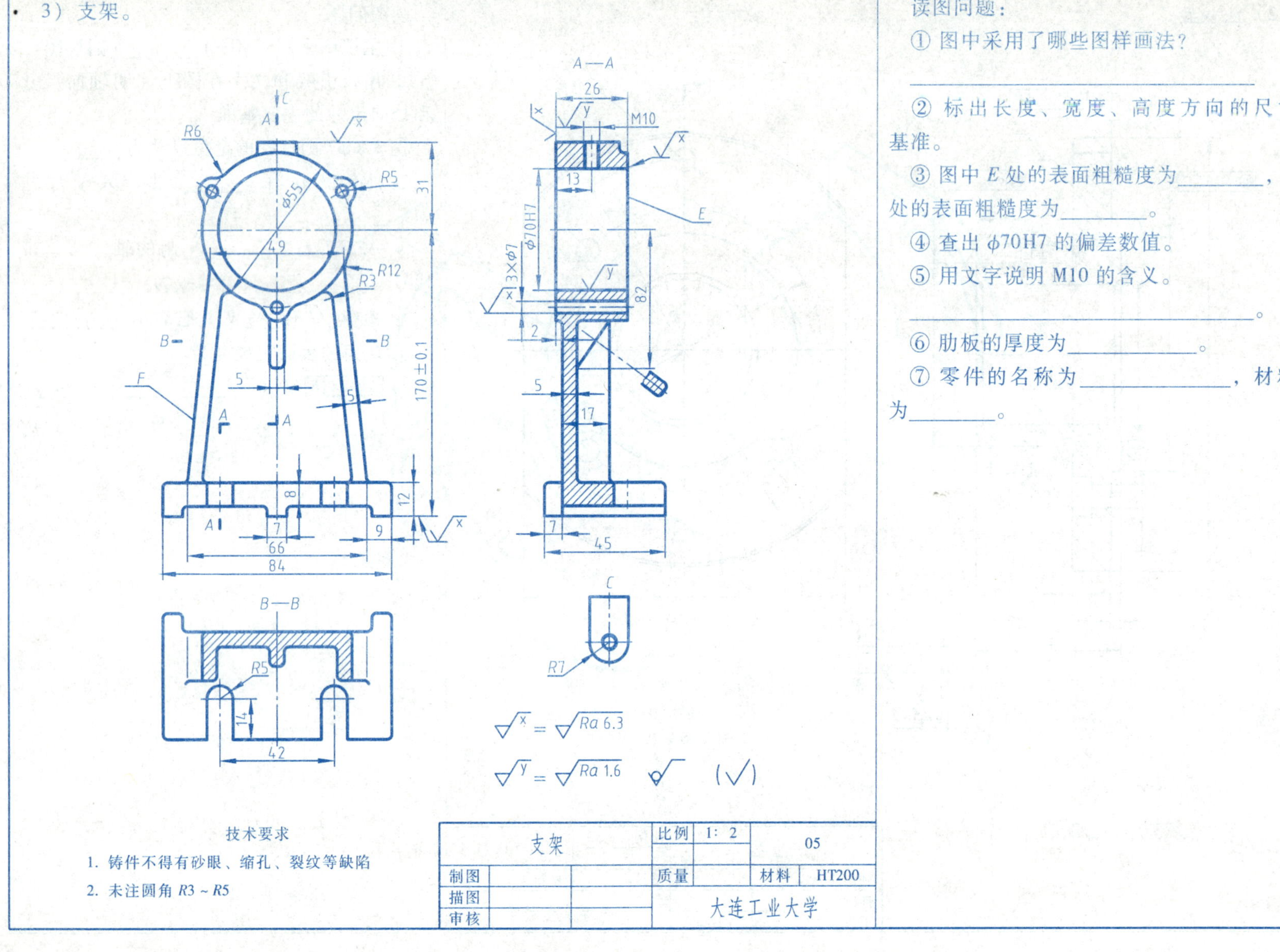

读图问题：

① 图中采用了哪些图样画法？

____

② 标出长度、宽度、高度方向的尺寸基准。

③ 图中 *E* 处的表面粗糙度为________，*F* 处的表面粗糙度为________。

④ 查出 φ70H7 的偏差数值。

⑤ 用文字说明 M10 的含义。

________________。

⑥ 肋板的厚度为________。

⑦ 零件的名称为________，材料为________。

班 级________ 姓 名________ 学 号________

4）泵体。

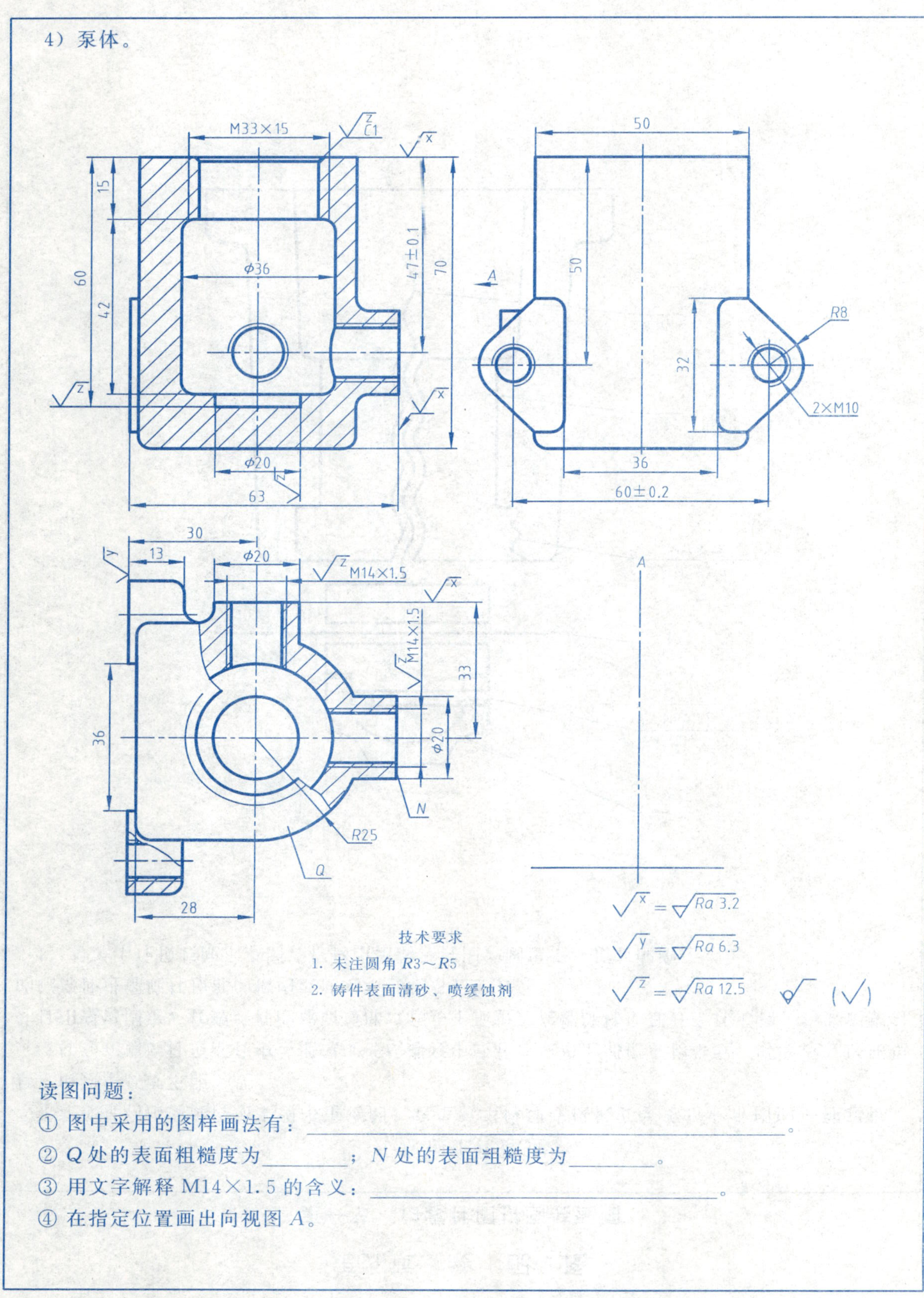

技术要求

1. 未注圆角 $R3 \sim R5$
2. 铸件表面清砂、喷缕蚀剂

$\sqrt{x} = \sqrt{Ra\ 3.2}$

$\sqrt{y} = \sqrt{Ra\ 6.3}$

$\sqrt{z} = \sqrt{Ra\ 12.5}$ （√）

读图问题：

① 图中采用的图样画法有：________________。

② *Q* 处的表面粗糙度为________；*N* 处的表面粗糙度为________。

③ 用文字解释 M14×1.5 的含义：________________。

④ 在指定位置画出向视图 *A*。

班 级________ 姓 名________ 学 号________

第九章 装 配 图

第一节 由零件图拼画装配图

千斤顶工作原理

千斤顶是利用螺旋传动来顶举重物的。它是汽车修理或机械安装等行业常用的一种起重工具，但顶举高度不能太高。

绞杠穿在螺旋杆顶部孔中，把螺旋杆从螺套中旋起，顶垫上部把重物举起。螺套镶在底座里并且用螺钉固定，在螺旋杆的球面顶部，套一个顶垫，在螺旋杆顶部开个环形槽，将紧定螺钉的端部伸进螺旋杆顶部的槽内，使之不会脱落。

1）参考千斤顶装配示意图，根据给出的零件图，画出千斤顶装配图。

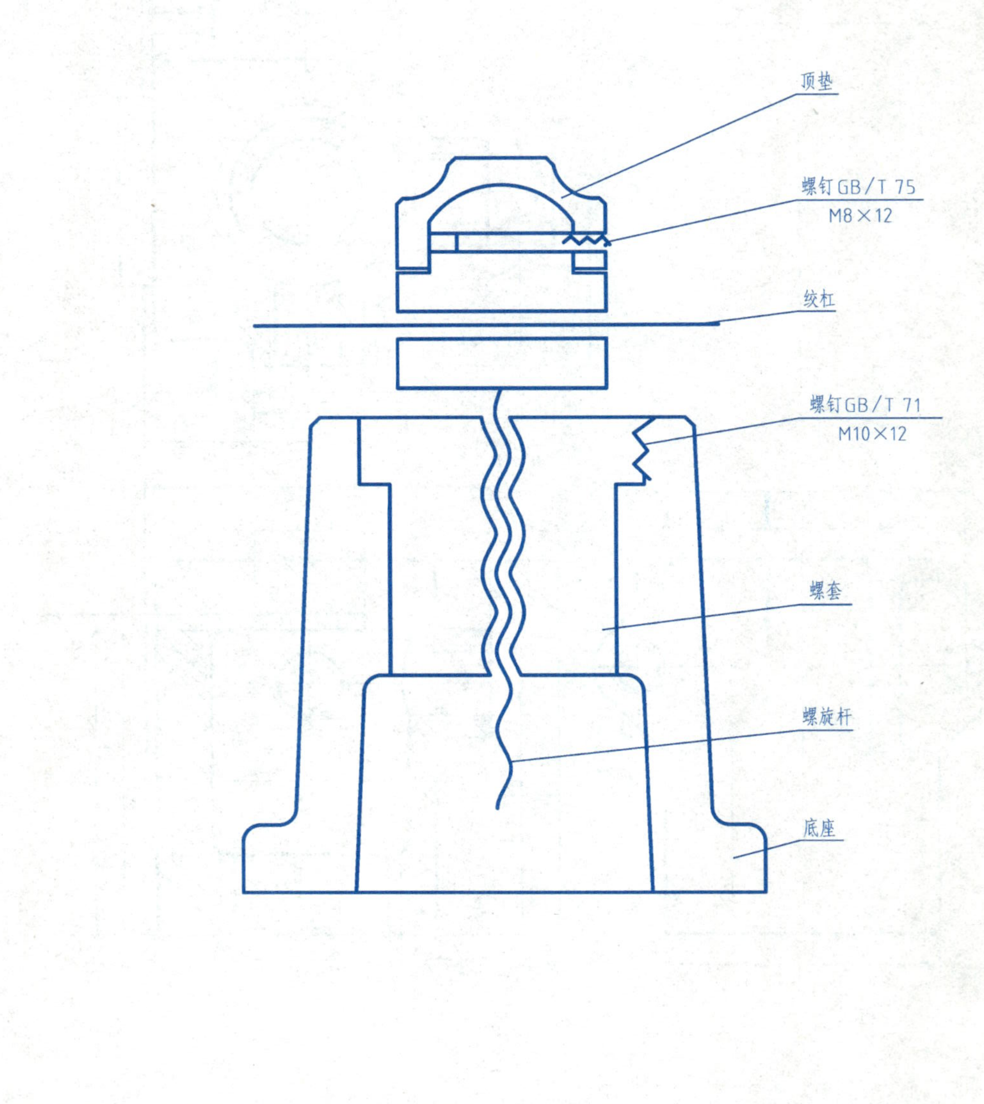

班 级________ 姓 名________ 学 号________

22.5
8
4
Ra 3.2
R4
φ39
SR25
φ35
φ22
φ60
φ40
φ42
φ50
7
6
17
23
φ22
10
132
C4
200
Ra 6.3 (√)
2 螺旋杆 1 1:1 Q235
序号 名称 数量 比例 材料
φ30
C1.5
R12
C1.5
Ra 1.6
21
SR25
14
8
33
φ40
φ60
M8-6H
Ra 6.3 (√)
7 顶垫 1 1:1 Q235
序号 名称 数量 比例 材料
20
17
15
M10配作
Ra 1.6
C2
4
8
φ80
φ42
φ50
φ65js7
Ra 3.2
76
Ra 6.3 (√)
7 螺套 1 1:1 Q235
序号 名称 数量 比例 材料
C2
C2
φ20
300
Ra 6.3 (√)
5 绞杠 1 1:1 Q235
序号 名称 数量 比例 材料

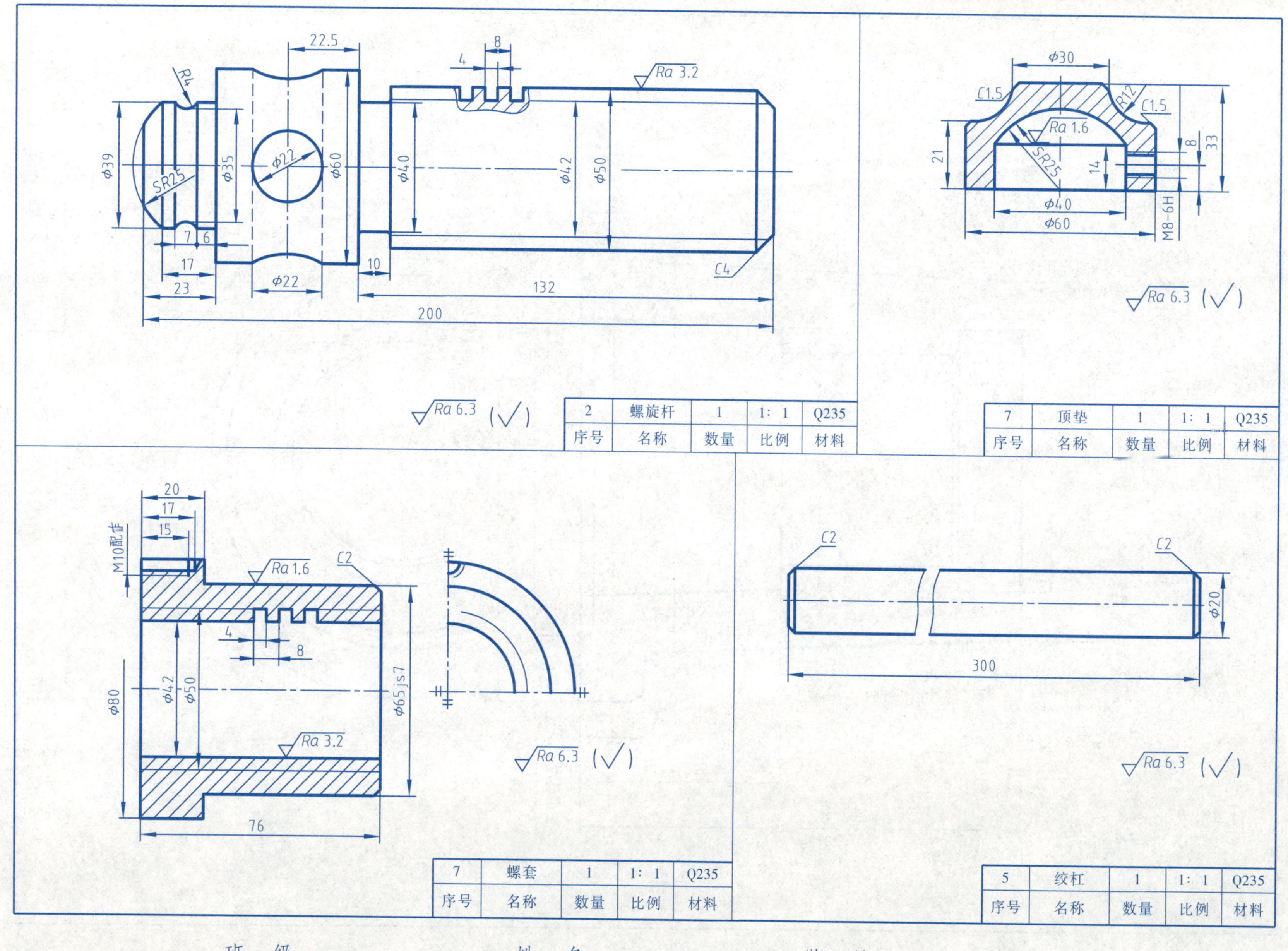

班 级__________ 姓 名__________ 学 号__________

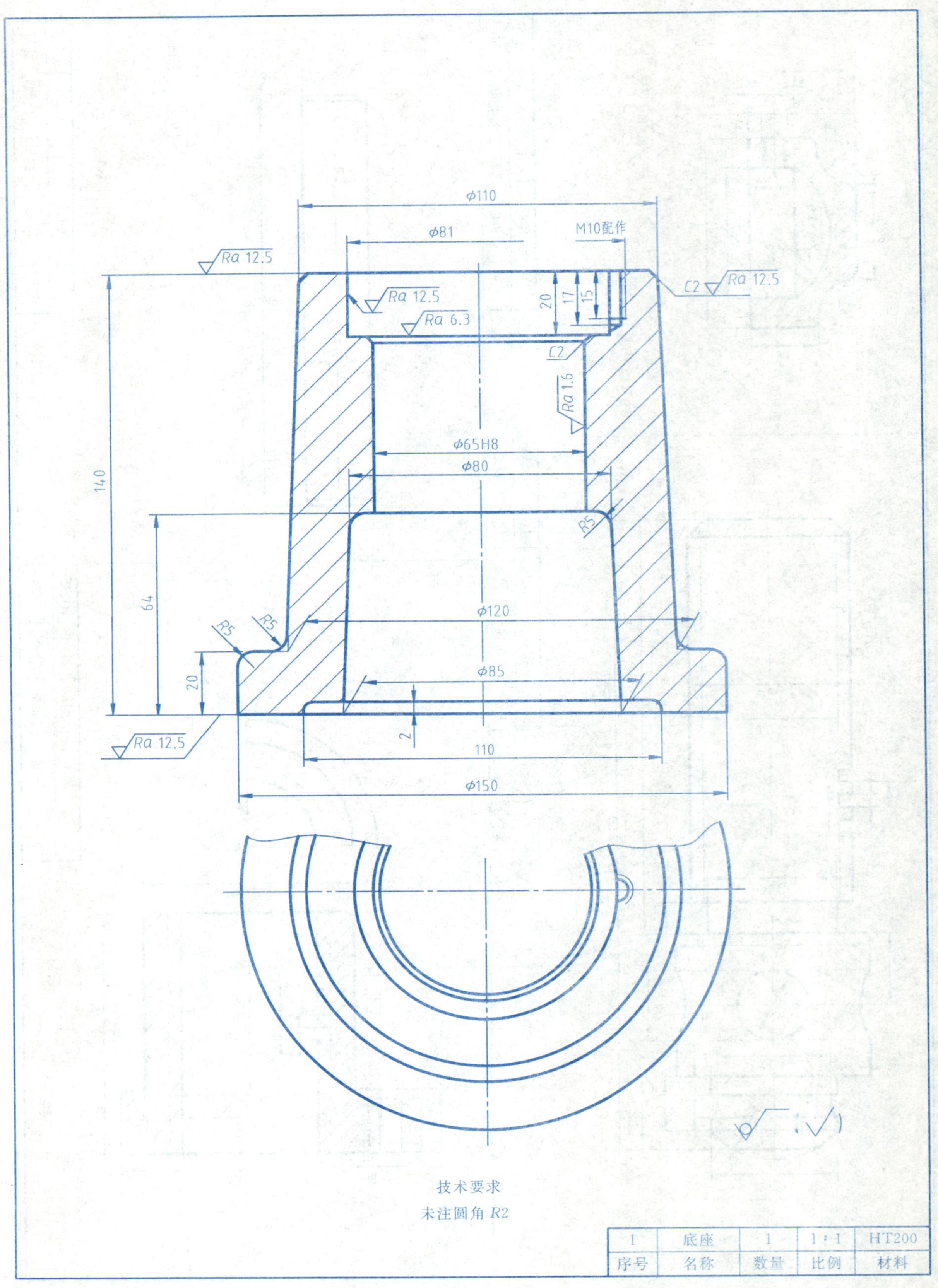

1	底座	1	1:1	HT200
序号	名称	数量	比例	材料

班 级________ 姓 名________ 学 号________

2）根据柱塞泵零件图，画出柱塞泵装配图。

上阀芯
柱塞
下阀芯
进口
A
a)
出口
10
B
b)

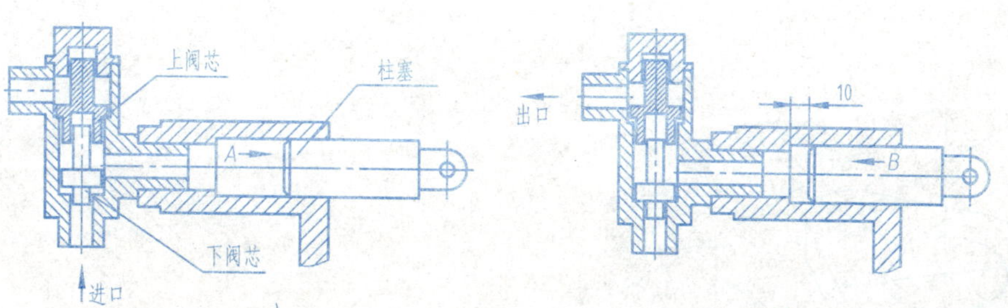

柱塞泵工作原理

柱塞泵是输送液体的增压设备。由电动机及其他机构带动柱塞作往复运动。当柱塞向右运动时，泵体内空间增大，内腔压力降低，液体在大气压力作用下，从进口冲开下阀芯进入泵体。当柱塞向左移动时，泵内液体压力增大，压紧下阀芯冲开上阀芯，使液体从出口流出，柱塞不断地往复运动，液体不断地被吸入和输出。

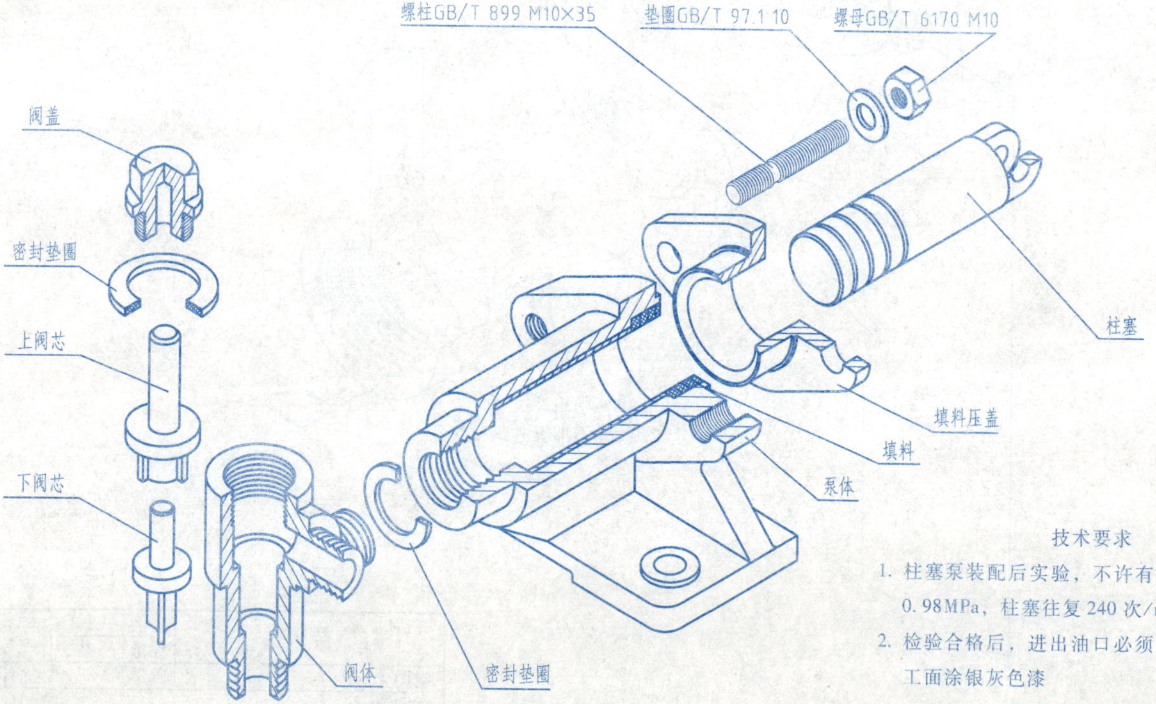

螺柱GB/T 899 M10×35
垫圈GB/T 97.1 10
螺母GB/T 6170 M10
阀盖
密封垫圈
上阀芯
下阀芯
阀体
密封垫圈
柱塞
填料压盖
填料
泵体

技术要求

1. 柱塞泵装配后实验，不许有泄漏，工作压力为0.98MPa，柱塞往复240次/min
2. 检验合格后，进出油口必须加封盖，外露非加工面涂银灰色漆

班级________ 姓名________ 学号________

技术要求

1. 铸造圆角 $R2 \sim R4$
2. 铸件不准有砂眼及缩孔

泵体			比例	1:1		
			数量	1		
制图			质量		材料	HT200
描图			大连工业大学			
审核						

班　级＿＿＿＿＿＿　姓　名＿＿＿＿＿＿　学　号＿＿＿＿＿＿

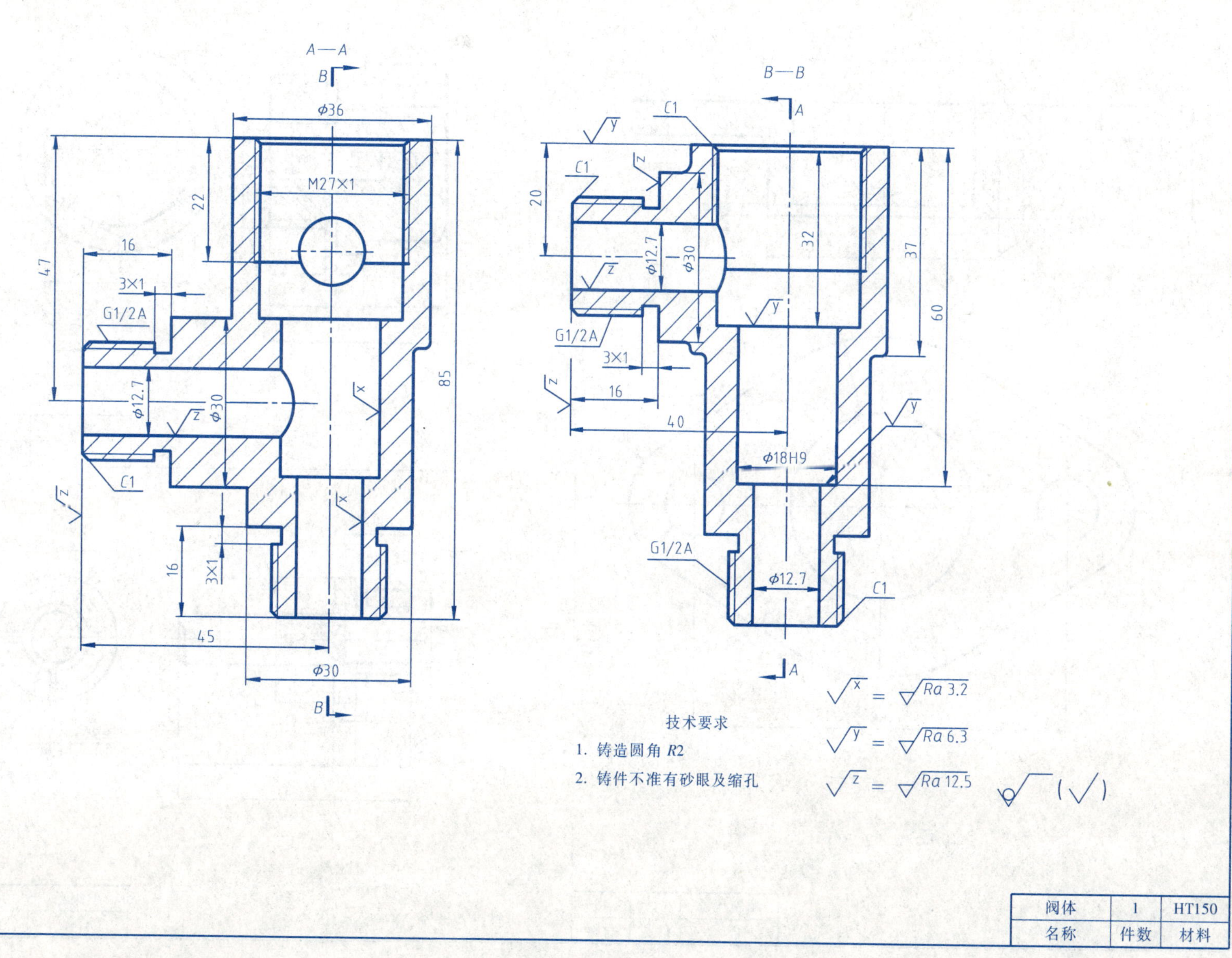

阀体	1	HT150
名称	件数	材料

班级＿＿＿＿＿＿ 姓名＿＿＿＿＿＿ 学号＿＿＿＿＿＿

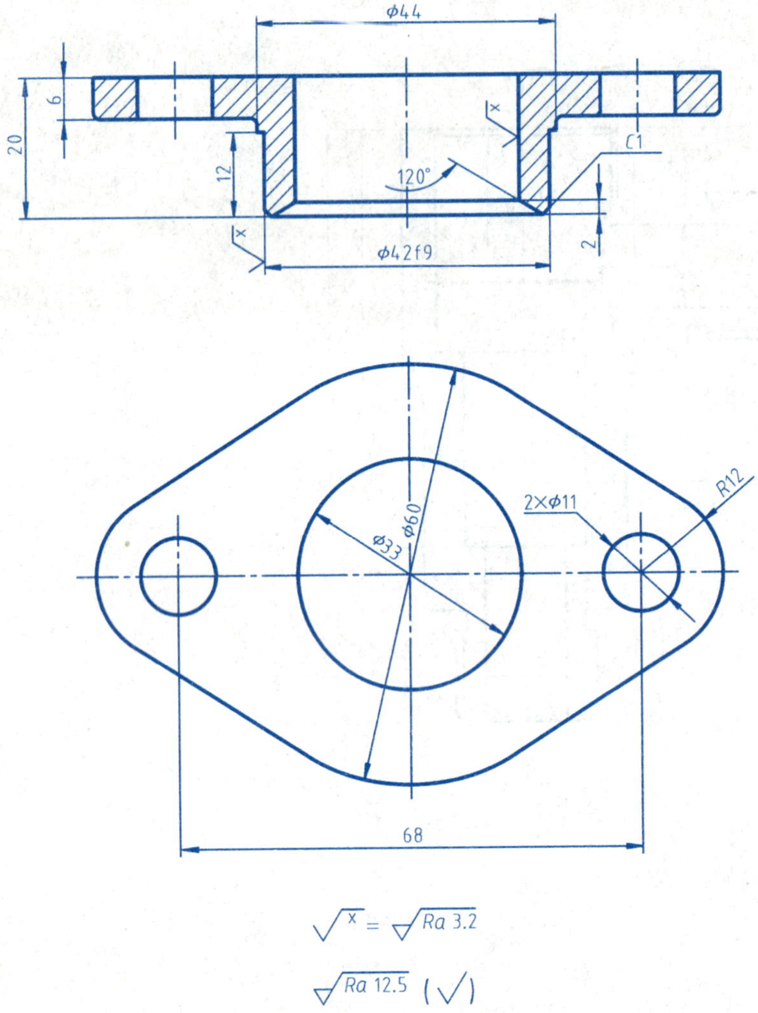

φ44

6

20

12

x

120°

C1

x

2

φ42f9

φ60

φ33

2×φ11

R12

68

$\sqrt{x} = \sqrt{Ra\ 3.2}$

$\sqrt{Ra\ 12.5}$ ($\sqrt{}$)

填料压盖	1	45
名称	件数	材料

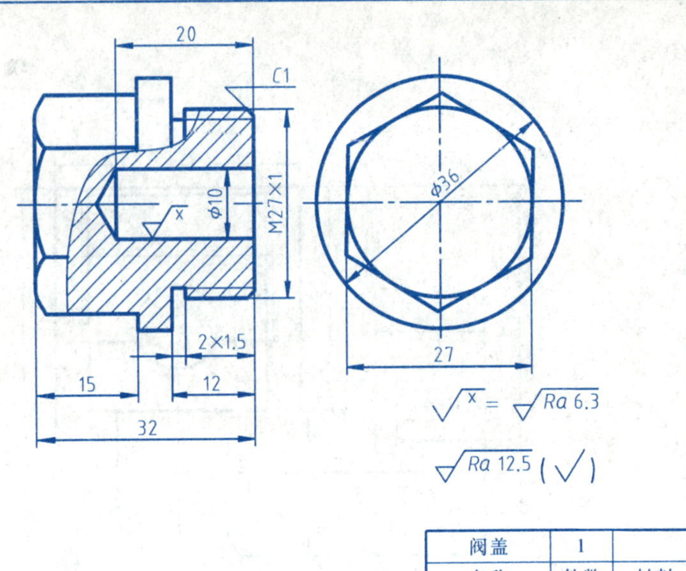

阀盖	1	
名称	件数	材料

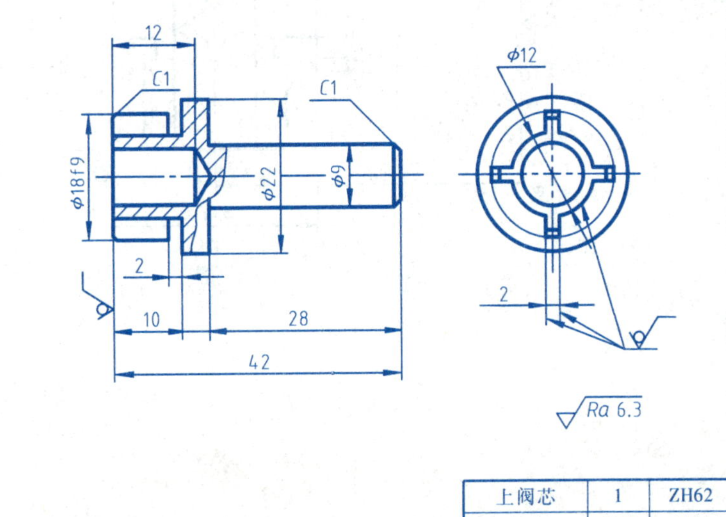

上阀芯	1	ZH62
名称	件数	材料

班 级________ 姓 名________ 学 号________

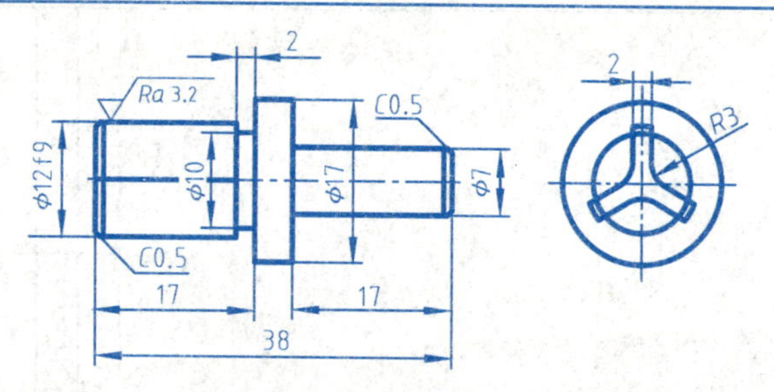

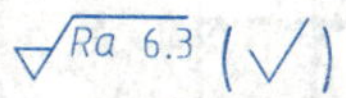

下阀芯	1	ZH62
名称	件数	材料

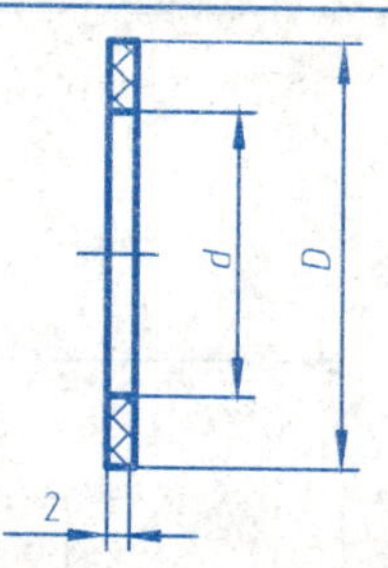

$D_1=30 \quad d_1=20$

$D_2=36 \quad d_2=28$

密封垫圈 2	1	
密封垫圈 1	1	
名称	件数	材料

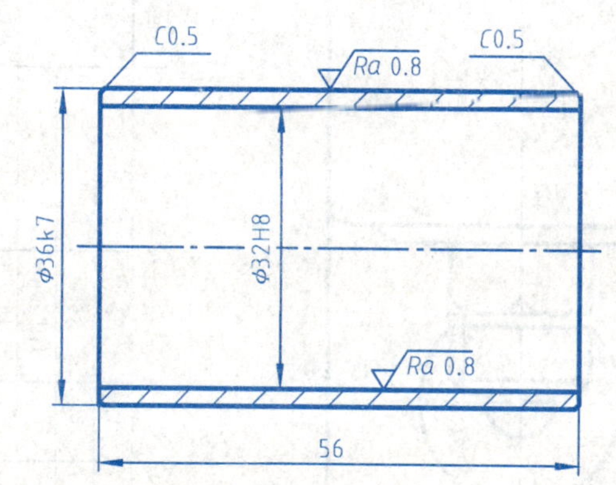

Ra 12.5 (√)

衬套	1	ZCuAl10Fe3
名称	件数	材料

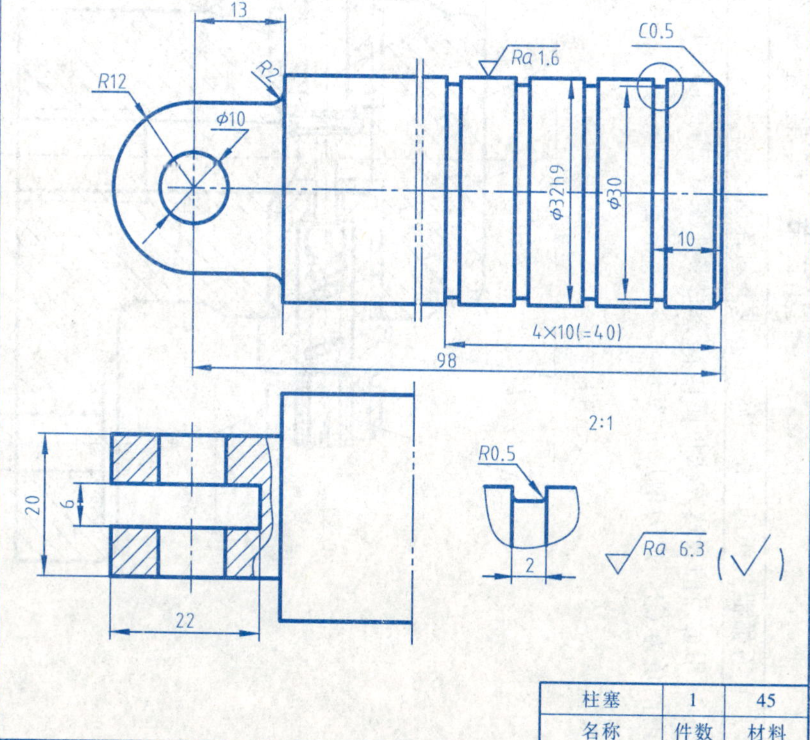

柱塞	1	45
名称	件数	材料

班 级＿＿＿＿＿＿ 姓 名＿＿＿＿＿＿ 学 号＿＿＿＿＿＿

第二节 读装配图

1）看懂泄气阀的装配图后，完成下列各题。

① 用适当的表达方法拆画阀杆套的零件图（只标注尺寸，不标注（写）技术要求。$\phi6$ 孔的内倒角为 $C1$，退刀槽尺寸为3×0.3）。

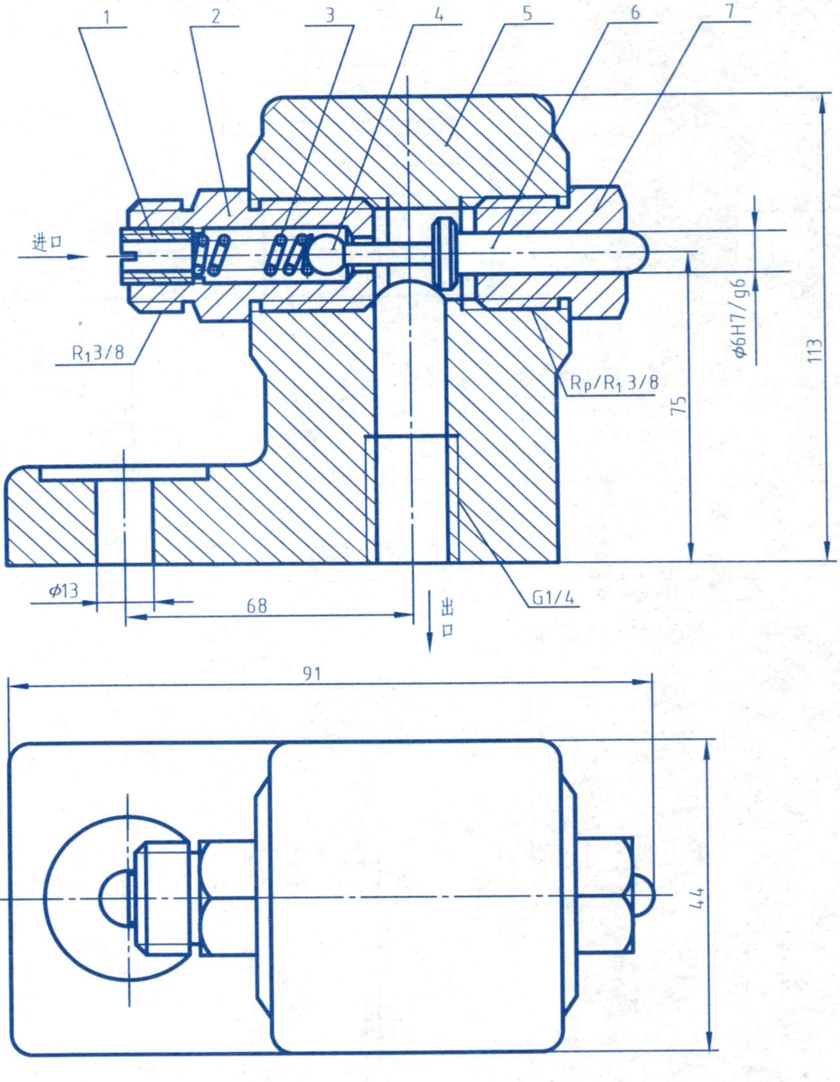

序号	名称	数量	材料	备注
7	阀杆套	1	35	
6	阀杆	1	35	
5	阀座	1	HT200	
4	钢球	1	45	
3	弹簧	1	55Si2Mn	
2	阀套	1	Q235	
1	调整螺套	1	Q235	

泄压阀		比例	1:1	
		数量		
制图		质量		第1张 共1张
校对		大连工业大学		
审核				

班级＿＿＿＿ 姓名＿＿＿＿ 学号＿＿＿＿

② 填空题。

a. 装配图名称是什么？

____

b. 装配图中共有几个零件？

____

c. 主视图采用了什么样的图样画法？

____

d. 零件6采用了什么画法表达？

____

e. 68属于____________尺寸。

f. ϕ6H7/g6是____________尺寸。

g. 44属于____________尺寸。

阀杆套			比例		
			件数		
制图			质量		
校对			大连工业大学		
审核					

班　级____________　姓　名____________　学　号____________

2）读懂手动气阀装配图，拆画件5（阀体）零件图。

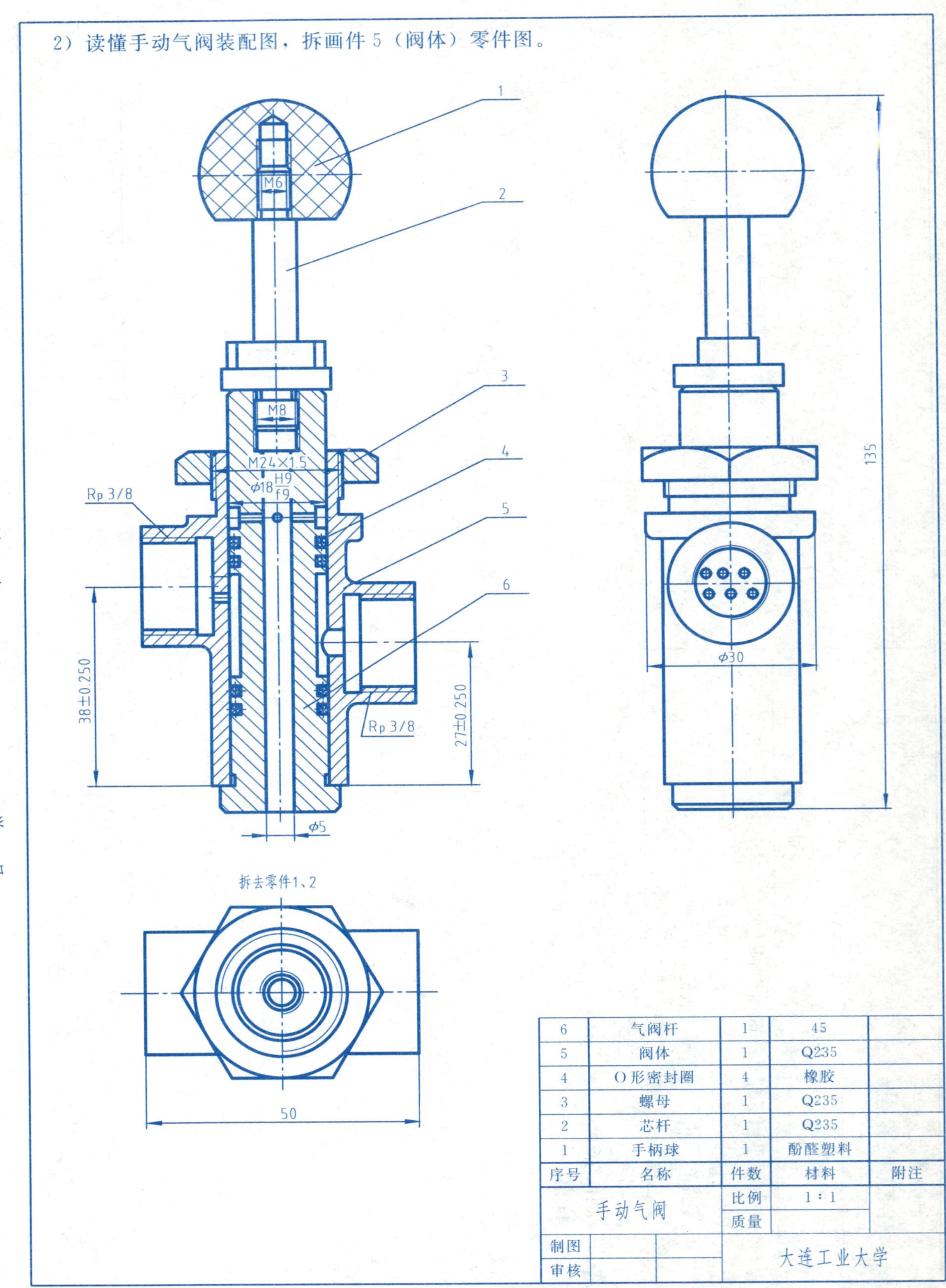

序号	名称	件数	材料	附注
6	气阀杆	1	45	
5	阀体	1	Q235	
4	O形密封圈	4	橡胶	
3	螺母	1	Q235	
2	芯杆	1	Q235	
1	手柄球	1	酚醛塑料	

手动气阀	比例	1∶1	
	质量		
制图		大连工业大学	
审核			

班　级＿＿＿＿＿＿　姓　名＿＿＿＿＿＿　学　号＿＿＿＿＿＿

班　级＿＿＿＿＿＿＿＿　姓　名＿＿＿＿＿＿＿＿　学　号＿＿＿＿＿＿＿＿

第十章　立体表面展开和焊接图

第一节　表面展开

1）求作棱锥的表面展开图。

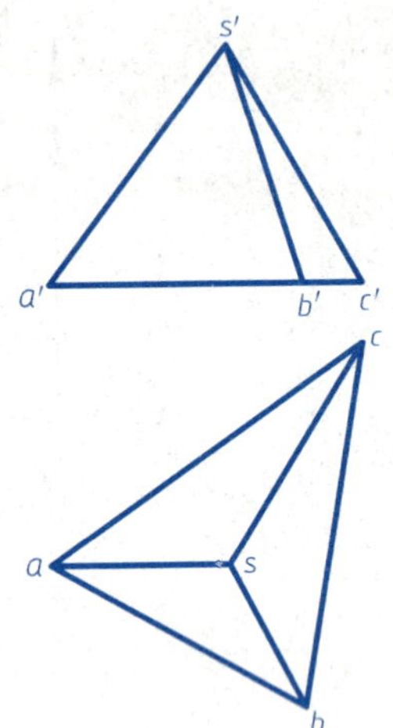

2）求作漏斗的表面展开图。

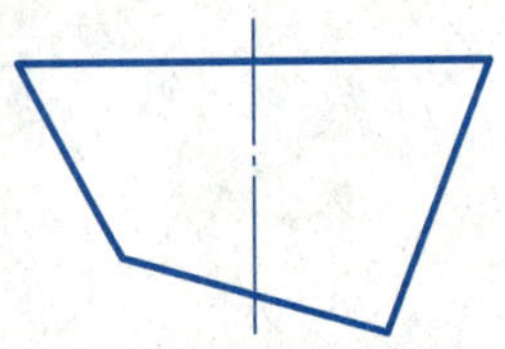

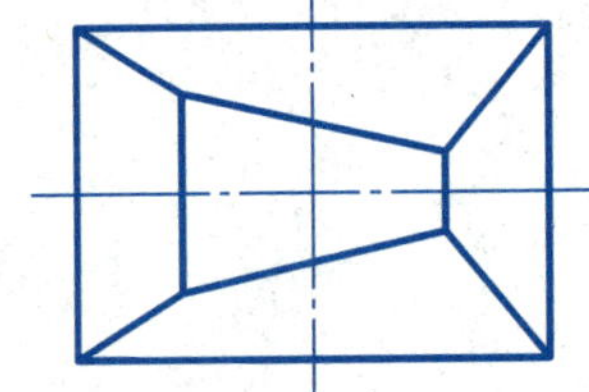

班　级＿＿＿＿＿＿　姓　名＿＿＿＿＿＿　学　号＿＿＿＿＿＿

3）求作铁管 *A*、*B* 两部分的表面展开图。

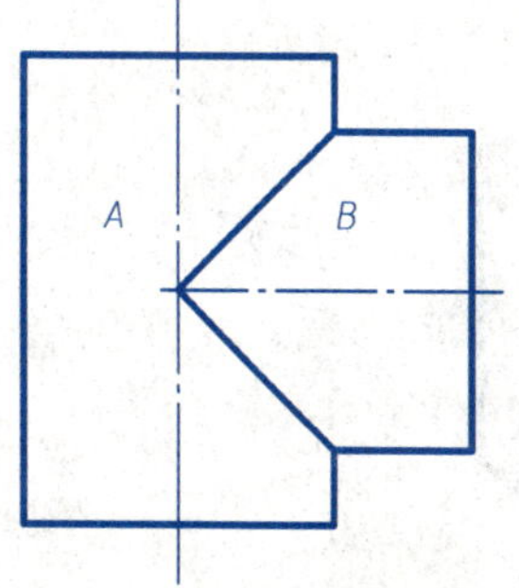

4）求作圆环管接头的表面展开图（用柱面近似展开）。

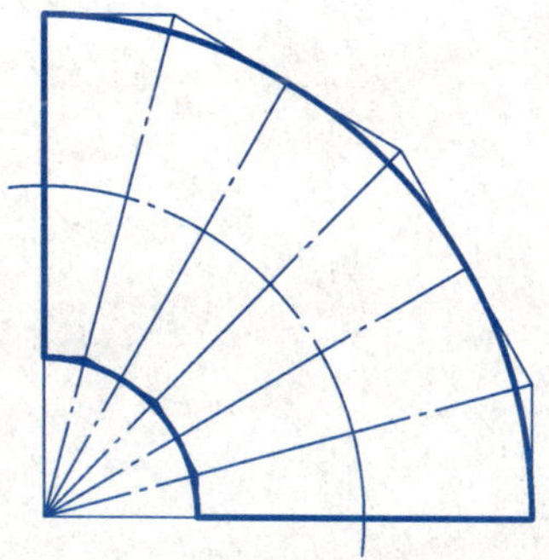

5）画出上圆下方变形接头的展开图。

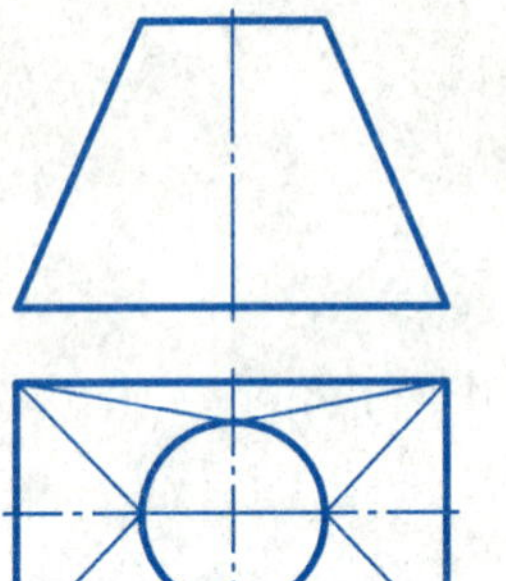

6）画出排风管弯头部分的展开图。

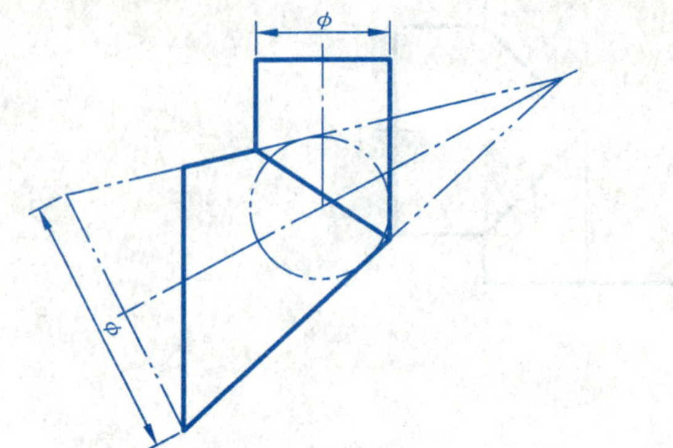

班　级________ 姓　名________ 学　号________

1）按所示焊缝图标注焊接符号。

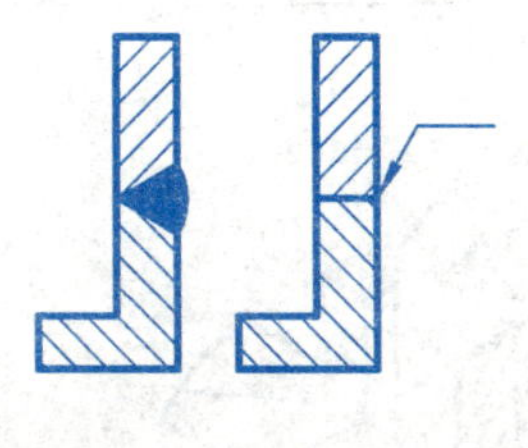

a)

b)

c)

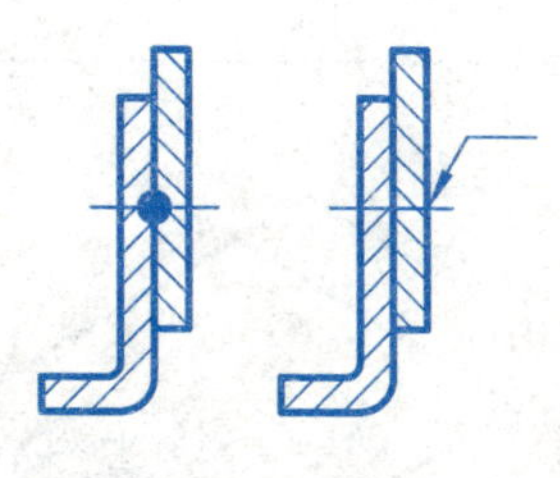

d)

2）在下图中标注出焊接代号。

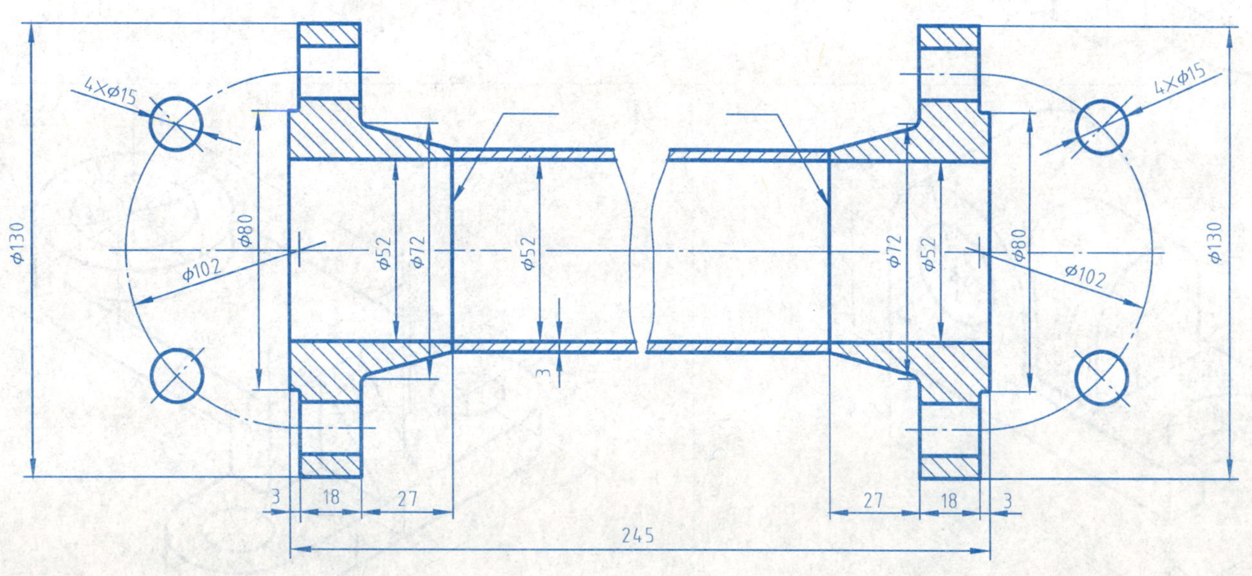

班 级________ 姓 名________ 学 号________

第十一章　计算机绘图基础

第一节　根据轴测图画出三视图

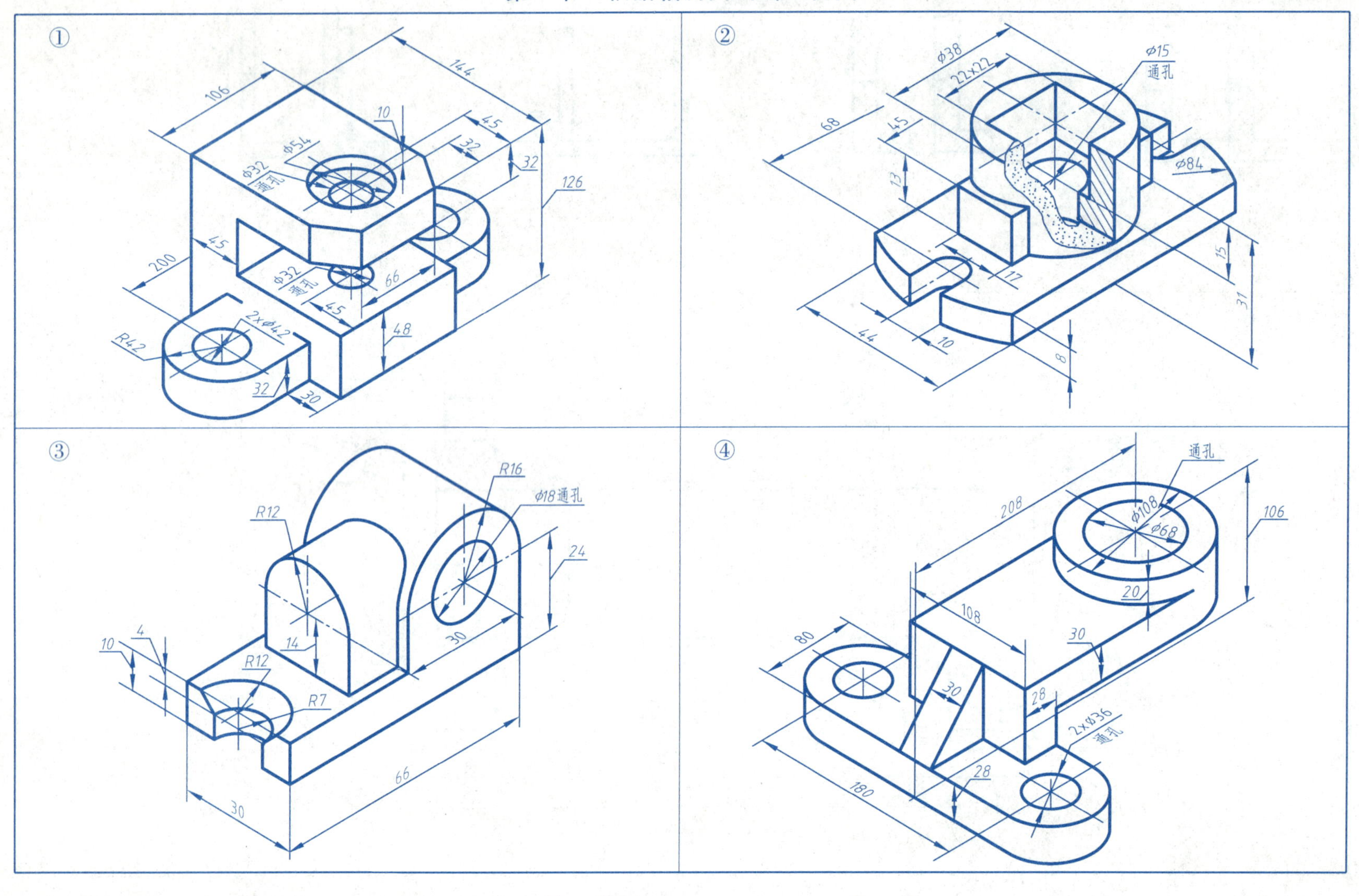

　班　级＿＿＿＿＿＿＿＿　姓　名＿＿＿＿＿＿＿＿　学　号＿＿＿＿＿＿＿＿

第二节　画支座的视图

底板右后角结构形状
右端面与左端面结构相同
板厚为10
4XM6↧12
孔↧15
2XΦ16
2XM6
螺纹退刀槽Φ20.5↧4
倒角
M20X1
4xΦ11
⌴Φ18↧5
2XΦ6
R5
R13
R18
(√)
技术要求
1. 未注圆角 R3
2. 未注倒角 C2
名称　支座
材料　HT200

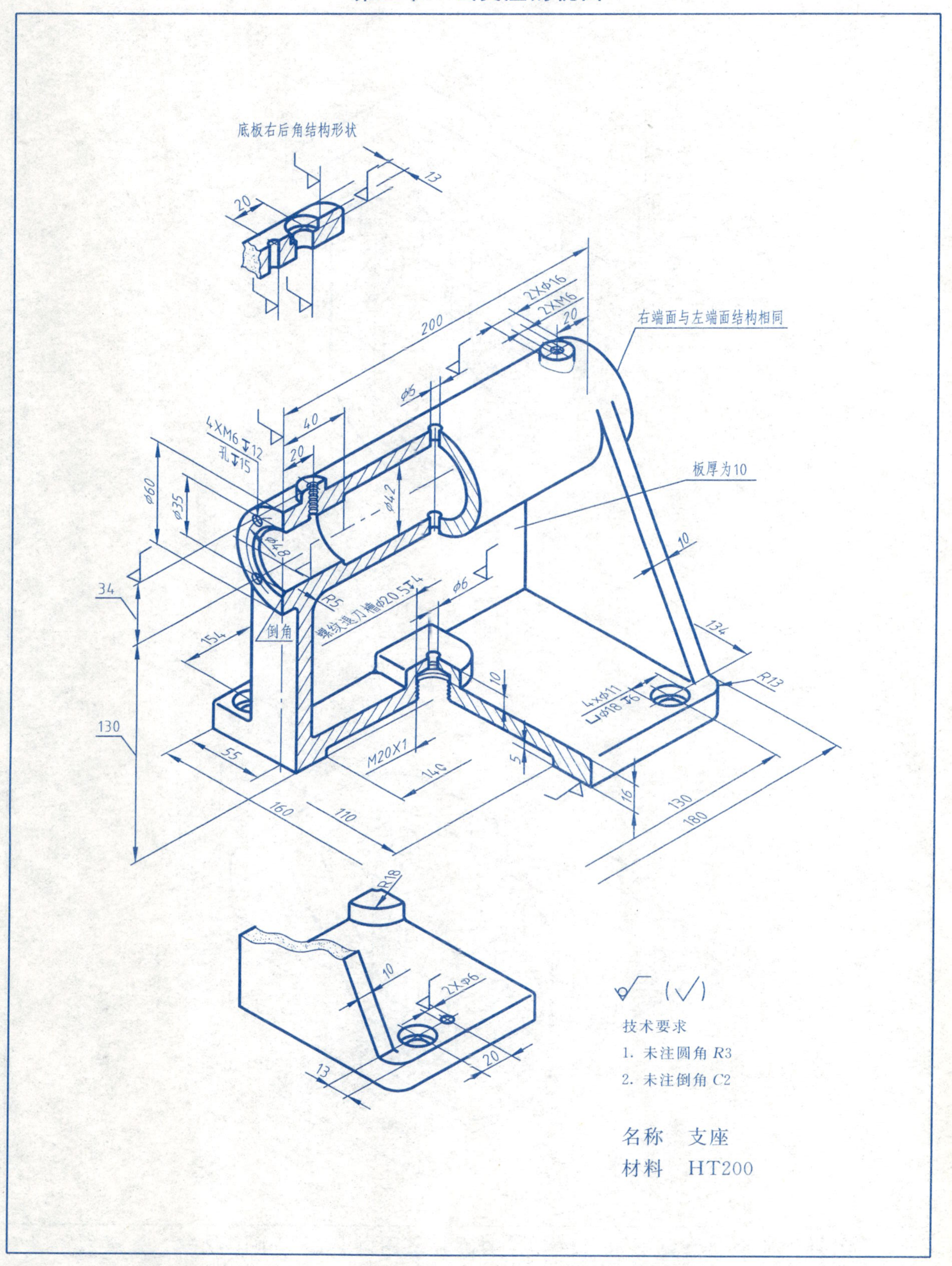

第三节　根据图中的尺寸画出三维实体，并用三维绘图软件生成三视图

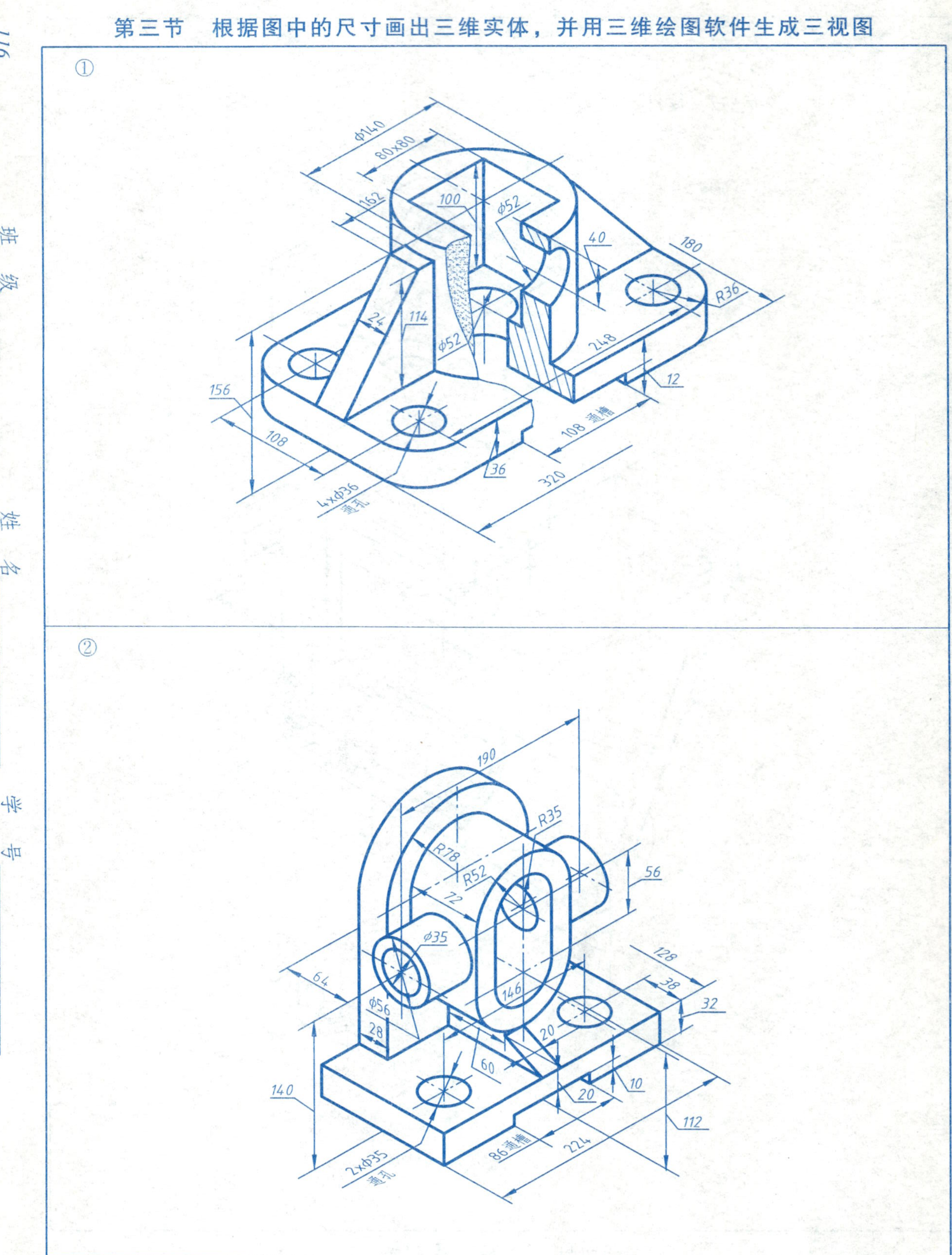

班　级＿＿＿＿＿＿　姓　名＿＿＿＿＿＿　学　号＿＿＿＿＿＿

参考文献

[1] 曹学云，等. 机械工程制图习题集［M］. 北京：中国计量出版社，2005.
[2] 邵莲芬，郑文灏，等. 画法几何及工程制图习题集［M］. 北京：兵器工业出版社，1990.
[3] 刘沛江，周希德，等. 画法几何及机械制图习题集［M］. 北京：机械工业出版社，1989.
[4] 陈长发，曹维江，等. 画法几何及机械制图习题集［M］. 北京：机械工业出版社，1993.
[5] 钱可强，汪珍，等. 机械制图习题集［M］. 北京：高等教育出版社，1996.
[6] 冯世瑶，孟宪荣，张秀艳，等. 画法几何及机械制图复习自测题集［M］. 上海：同济大学出版社，1996.
[7] 刘小年，郭纪林. 工程制图习题集［M］. 北京：高等教育出版社，2003.
[8] 胡宜鸣，孟淑华. 机械制图习题集［M］. 北京：高等教育出版社，2001.